贝页
ENRICH YOUR LIFE

偶然的宇宙

THE ACCIDENTAL UNIVERSE

Alan Lightman

[美]艾伦·莱特曼 著

吴峰峰 译

文匯出版社

图书在版编目 (CIP) 数据

偶然的宇宙 /（美）艾伦·莱特曼（Alan Lightman）著；吴峰峰译. — 上海：文汇出版社，2023.6

ISBN 978-7-5496-4017-1

Ⅰ. ①偶…　Ⅱ. ①艾… ②吴…　Ⅲ. ①宇宙学—普及读物　Ⅳ. ①P159-49

中国国家版本馆CIP数据核字（2023）第082844号

偶然的宇宙

Ouran De Yuzhou

作　　者 / [美] 艾伦·莱特曼
译　　者 / 吴峰峰
责任编辑 / 戴　铮
装帧设计 / 汤惟惟
出版发行 / 文匯出版社
　　　　　上海市威海路755号
　　　　　（邮政编码：200041）
印刷装订 / 上海中华印刷有限公司
　　　　　（上海市青浦区汇金路889号）
版　　次 / 2023年6月第1版
印　　次 / 2023年6月第1次印刷
开　　本 / 889毫米 × 1194毫米　1/32
字　　数 / 84千字
印　　张 / 5.25
书　　号 / ISBN 978-7-5496-4017-1
定　　价 / 60.00元

致我亲爱的朋友：

萨姆·贝克（Sam Baker），阿兰·布罗迪（Alan Brody），

约翰·德蒙（John Dermon），霍克·迪（Hok Dy），

欧文·金格里奇（Owen Gingerich），

迈卡·格林斯坦（Micah Greenstein），

鲍勃·贾菲（Bob Jaffe），

彼得·梅萨罗斯（Peter Meszaros），

拉斯·罗柏（Russ Robb），大卫·罗伊（David Roe），

彼得·斯托伊切夫（Peter Stoicheff），

以及杰夫·维恩德（Jeff Wieand）

序

2012年10月，在麻省理工学院如巨穴般的大礼堂里，我听了一位僧人的讲座。在那次讲座中，这位僧人谈及了“śūnyatā”，翻译过来就是“空”（emptiness），这是藏传佛教的核心观念。在这一观念里，物质世界的一切本身都是虚无的、不可独立存在的——所有依附于物质之上的意义，不过是源自我们内心的建构和想法。作为一名科学工作者，我坚信原子和分子是真实的（虽然充斥其中的大部分是空间），是独立于我们思想的存在。不过，我亲身体会过愤怒、嫉妒和侮辱，它们给我带来莫大的痛苦，而所有这些情绪状态都源于我自己的内心。心灵无疑自有它的宇宙。正如弥尔顿在《失乐园》中所写：“它（心灵）能够将地狱变成天堂，将天堂变成地狱。”在这充满困惑又转瞬即逝的人生中，我们不断探寻着存在的意义，而思想却被困在三磅重的神经元里，有时很难分辨究竟何为真实。我们常会发明出原本不存在的东西，也常忽视已经存在的东西。无论是自己的思想，还是自身理解中的外部现实，我们都试图强加秩序，试图将二者连接，试图找出真相。我们心怀梦想，我们热切盼望。在所有这些努力的背后，总有一种猜疑挥之不去：我们所见、所懂的世界，只是整体世界的一小部分。

现代科学为我们揭示了一个感官无法觉察的隐藏宇宙。例如，我们已经知道，宇宙中充斥着各种人类肉眼无法观测到的“多彩”的光：无线电波和X射线等。20世纪70年代初，当第一台X射线望远镜指向天空时，我们惊诧地发现了大量之前不曾观测到、不曾了解的天体。我们现在知道，时间不是绝对的：时钟秒针的摆动频率，会随着相对速度的变化而变化。在我们的日常生活中，这种时间流逝的偏差是无法被感知的，但是敏感的仪器可以证实其存在。我们还发现，人体内的微观细胞中，有一种螺旋型分子，它是构成人类或者其他任何生命形式的密码。科学虽没能揭示我们存在的意义，但的确为我们揭开了面纱的一角。

“宇宙”（universe）一词源自拉丁语，由“unus”和“versus”结合而来；其中，“unus”意为“一”（one），“versus”是“vertere”的过去分词形式，意为“转变”（to turn）。所以，“universe”原本字面上的意思就是“万物归一”。在过去的几个世纪里，“universe”意指整体的物质现实。在本书第一篇文章《偶然的宇宙》中，我讨论了多重宇宙、多个时空连续体是可能存在的，其中有的超越了三维。但即便只存在一个时空连续体，只有一个宇宙，我仍会坚称：在我们这个唯一的宇宙中，存在着许多宇宙，有些是可见的，有些则是不可见的。当然，各种观点层出不穷。本书的几篇文章探讨了其中一些观点，包括已知的，也包括未知的。

*

本书的七篇文章写于不同时期，于2014年首次结集出版。

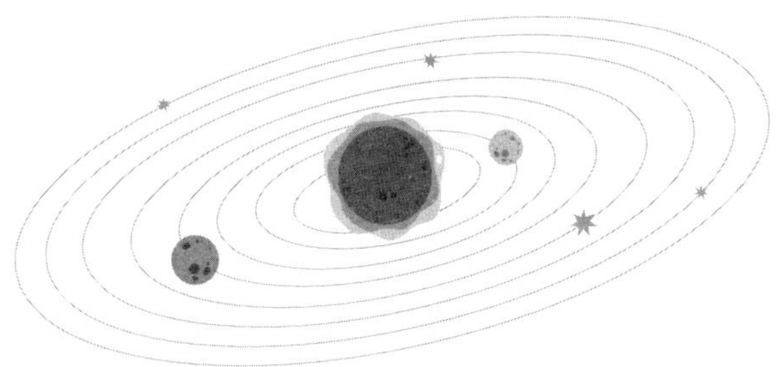

目　录

偶然的宇宙　1

短暂的宇宙　22

精神的宇宙　37

对称的宇宙　68

浩瀚的宇宙　87

规则的宇宙　105

非具象的宇宙　129

致　谢　150

注　释　151

偶然的宇宙

公元前5世纪，哲学家德谟克利特（Democritus）[①]提出，万物皆由微小且不可分割的原子构成，原子的大小各异，质地不同——有的坚硬，有的柔软；有的光滑，有的粗糙。而原子本身，则被认为是既定存在的，又或可被称为“本原”（first beginnings）。19世纪，科学家发现，原子的化学性质周期性地重复，正如“元素周期表”中所呈现的那样，这一现象的缘由在当时是个未解之谜。直到20世纪，科学

① 德谟克利特（约公元前460—前370年），古希腊伟大的唯物主义哲学家，原子唯物论学说的创始人之一，率先提出原子论（万物由原子构成）。——译者注（如无特殊说明，本书注释均为译者注。）

家才明白，原来原子的性质完全取决于其电子的数量和位置，电子即围绕原子核运动的亚原子粒子。现代物理学已经对此一一精确证实。最终，我们得知，所有比氦质量大的原子都产自恒星这一核聚变熔炉之中。

实际上，我们可以将科学的历史看作重新定义各种现象的过程。那些曾经被认为是“既定存在”的现象，如今可以通过基本原理和原则来解释，包括多彩的天空，行星运行的轨道，船在湖中驶过时尾迹的角度，六边形的雪花，大鸨[①]在飞行时的重量，沸水的温度，雨滴的大小，太阳的圆形，等等。所有这些以及其他无数的现象，曾一度被当作天然如此，或者被当作后来偶然获得的产物，终归都被解释为自然基本法则下的必然结果。这一法则的发现者，正是我们人类。

科学史中这种迷人的漫长趋势可能行将结束。宇宙学思想的巨大发展、研究成果的长足进步，使一些世界上首屈一指的物理学家提出：我们所处的宇宙，不过是无数个

---

① 大鸨是世界上能飞起的最重的鸟类，其飞行只能持续15分钟左右。

宇宙中的一个，这些宇宙的属性千差万别，而属于我们这一特定宇宙的一些最基本的特征，仅仅是因为偶然——就像宇宙在随机掷出骰子。果真如此的话，那么以基本原理和原则来解释宇宙，就永远都是妄谈了。

不同宇宙间的距离几何？它们是否在时间上同时存在？也许我们永远都无法得知。但是，正如新的物理学理论所预测，多个不同宇宙之间具有相去甚远的特质，这一点几乎可以确定。有的宇宙和我们这个类似，也有恒星和星系；有的则不然。有些宇宙的大小可能是有限的，而另一些则是无限的。它们可能有5个维度，也可能有17个维度。物理学家们将全体宇宙统称为“多重宇宙”（multiverse），这个词听起来像出自罗伯特·海因莱因（Robert Heinlein）①笔下的科幻小说。物理学家艾伦·古斯（Alan Guth）是宇宙学的思想先驱，他说道：“多重宇宙的观点严重破坏了我们从基本原理来理解世界的希望。”[1]并且，

---

① 罗伯特·安森·海因莱因（1907—1988），美国著名科幻小说家，被誉为“美国现代科幻小说之父”，其代表作有《星际迷航》《银河系公民》等。

科学的哲学根基也被斩断了。这与诺贝尔奖获得者、物理学家史蒂文·温伯格（Steven Weinberg）[①]的话不谋而合，他可是言辞严谨如数学计算般的人，不久前他对我说：“我们一直走在揭开自然法则奥秘的道路上，如今正处在历史性的岔路口。如果多重宇宙的观念是正确的，它将颠覆基础物理的研究方式。”[2]

最为温伯格口中的“岔路口”而苦恼的科学家，就是理论物理学家了。理论物理是科学中最深奥、最纯粹的分支，是在科学边界瞭望哲学与宗教的前哨站。

实验型科学家专注于观察和测量宇宙，找出宇宙中光怪陆离的事物。而理论物理学家并不满足于观测宇宙，他们想进一步求索现象背后的缘由。他们想用一些基本原理和基本参数来解释宇宙的所有特性。而通过这些基本原理，还能推导出“自然定律”（laws of nature），它支配着所有物质和能量。下面是物理学基本原理的一个例子，该原理

① 史蒂文·温伯格（1933—2021），美国物理学家，因提出基于对称性自发破缺机制的电弱理论获得1979年诺贝尔物理学奖。

由伽利略于1632年首次提出，由爱因斯坦在1905年加以扩展，内容如下：所有相对匀速运动的观察者所观察到的自然定律是相同的。根据这一原理，爱因斯坦推导出了整个狭义相对论。一个基本参数的示例为电子的质量，电子是自然界中二十几种"基本"粒子之一。对于物理学家来说，这种基本原理和基本参数越少越好。因为对理论物理来说，潜在的希望和信念一向都是：这些基本原理的限制是如此严格，以至于只有一个宇宙能够自洽，就像填字游戏只有唯一解法一样。而这个唯一的宇宙，当然就是我们生活的宇宙。理论物理学家都是柏拉图主义者①。直到近几年，他们仍相信整个宇宙，唯一的宇宙，产生于一些对称性原理和数学真理之下，也许其中还有一些参数，比如电子的质量。似乎我们正在接近自己愿景中的宇宙，一切皆可被计算、预测和理解。

然而，当今物理学中的两个理论——"永恒暴胀"

① "柏拉图主义"起源于古希腊的柏拉图，是历史上最具影响力的数学哲学思想，主张数学概念是一种特殊的独立于现实世界之外的客观、永恒的存在。

（eternal inflation）和“弦理论”（string theory）——认为，衍生出自然定律的基本原理，能够同时孵化出多个自洽宇宙，并且特质不一。这就好比你走进一家鞋店，量了一下脚长，发现5号鞋适合你，8号鞋也合脚，12号的你也能穿。这种模棱两可的结果，让理论物理学家十分不满。显然，自然的基本定律，没有界定一个唯一的、独特的宇宙。在目前很多物理学家看来，我们生活的宇宙只是无数个宇宙中的一个。我们生活在一个偶然的宇宙，一个科学无法计算的宇宙中。

“回想二十世纪七八十年代，”艾伦·古斯说，“那时我们觉得自己太聪明了，几乎想通了一切。”他的意思是，在自然界中的四种基本力中，物理学家已经对其中三种提出了非常准确的理论，它们是：将原子核中的粒子结合在一起的强核力，引起某些放射性衰变的弱核力，以及带电粒子之间的电磁力。并且第四种基本力——引力，有可能与量子物理学相结合，从而组成物理学家所称的“万有理论”（the Theory of Everything），也有人称其为“终极理论”（the Final Theory）。二十世纪七八十年代的这些理论，需要明确几十个与基本粒子质量相对应的参数，以及反映基本力强度的另外六个左右的参数。按照逻辑，下一步便是（如果可能的话）用一个或两个基本粒子的质量来推导大多数基本粒子的质量，用一个基本力的强度来推导所有基本力的强度。

有充分的理由认为，物理学家已经准备好迈出这一步了。事实上，自伽利略时代以来，物理学中发现了许多原理和定律，其中的自由参数越来越少，因此也与观察到的世界越来越吻合。例如，水星运行的椭圆轨道每世纪会有约0.012度的微小偏差，这一偏差就是根据广义相对论计算出来的。而电子的磁场强度（据观测为2.002319磁子），则是利用量子电动力学理论精准算出的。其他任何科学都无法像物理学这样，在理论与实验之间如此精确地一致。

古斯的物理学生涯，就是在这样一个欣欣向荣的科学时代中开始的。如今他已经64岁，是麻省理工学院的教授。他在30岁出头的年纪，就提出了对大爆炸理论（the Big Bang Theory）的重大修正，即“暴胀理论”（inflation）。现在有大量的证据表明，在大约140亿年前，我们的宇宙始于一块密度和温度极高的物质，此后一直在膨胀、扩散、冷却。暴胀理论认为，在我们宇宙初生的那不足万亿分之一秒的时间内，一种特殊的能量导致宇宙急速膨胀。转眼间，膨胀变缓，宇宙以大爆炸标准模型的速度从容地扩张。暴胀理论解决了宇宙学中一些悬而未决的问题，例如为什么在宇宙如此之大的尺度上，各处物质的构成如此相似。

5月一个凉爽的日子里，在古斯的麻省理工学院三楼的办公室里，我拜访了他。只见他办公桌上堆满了文件和空的健怡可乐瓶，几乎要把他掩埋其中。地板上还有更多的文件和几十本杂志散落各处。其实在几年前，《波士顿环球报》(*The Boston Globe*) 主办了一场全市最混乱办公室比赛，正是由古斯拔得头筹。他说，奖品是一项服务——一名专业的收纳人员来办公室收拾一天。“与其说她是来帮我的，不如说是来添乱的。她把地板上那堆文件拾掇起来，竟按尺寸大小来分类。”古斯看起来仍有些孩子气。他戴着一副飞行员风格的眼镜，自20世纪60年代以来就一直留着长发，也一直喝着健怡可乐。“我当初走进理论物理领域，”他告诉我，“是因为我喜欢能用数学和逻辑来理解一切（即宇宙）的感觉。”说完这话，他便露出了苦笑。我们一直在讨论多重宇宙。

虽然多重宇宙的想法挑战了理论物理学家柏拉图式的梦想，但它确实能够解释我们这个宇宙中的一个事实，一个一直让科学家感到不安的事实：根据各种计算，如果宇宙中的一些基本参数的数值稍微再大一点，或者再小一点，生命就无法出现了。例如，如果核力比实际上稍微强一点点，那么在宇宙新生时，所有的氢原子都会与其他氢原子结合而形成氦，这样的话，宇宙中就不会留下任何氢原子。而没有氢原子，就意味着不可能出现水。尽管我们目前还远不能确定生命出现的必需要素是什么，但大多数生物学家相信，水肯定是其中之一。反之，如果核力比实际上弱很多，那么生物诞生所需的复杂原子就无法结合在一起。再比如，如果引力和电磁力的强度关系不像现实中这般，宇宙中的一些恒星就不会爆炸，从而无法向太空喷射出生命诞生所必需的化学元素；也不会有一些恒星能形成自己的行星系统。这两类恒星，对于生命的出现似乎都是必要的。总而言之，我们宇宙中的这些基本力的强度，以及其他一些基本参数，似乎是经过精心调整过的，为的就是生命能够存在。

认识到这种“调整”后，英国物理学家布兰登·卡特（Brandon Carter）在1968年提出了所谓“人择原理”（anthropic principle），即宇宙中的这些参数必须如此，因为我们人类在这里观察它。“anthropic”一词源自希腊语中的“人”，实际上，这一用词并不恰当。因为如果这些基本参数与实际中的情况天差地别，那么不仅我们人类不会存在，任何形式的生命都不会存在。

如果这些结论是正确的，那么最重要的问题当然是：为什么这些基本参数恰好在允许生命出现的范围内？是因为宇宙关心生命吗？“智慧设计论”（Intelligent Design）是其中一种解答。事实上，许多神学家、哲学家，甚至是一些科学家，已经将这种调整连同人择原理一起，视作上帝存在的证据。例如，2011年在佩珀代因大学举行的基督教学者年会上，著名遗传学家、美国卫生研究院院长弗朗西斯·柯林斯（Francis Collins）说：“要形成我们这个宇宙，使其有可能产生复杂的物质，有可能产生任何生命形式，所有的条件都必须精准地出现在不可能之边缘……我们无法忽视造物主之手，他将这些参数设定得如此恰到好处，因为他想看到比无序的粒子更为复杂一些的东西。”[3]

对大多数科学家来说，“智慧设计论”这一解答没有什么吸引力。而多重宇宙则提供了另一种解释。如果有数十亿个具有不同属性的宇宙——例如，有些宇宙的核力比我们宇宙的强得多，有些宇宙的核力则弱得多——那么在这些宇宙中，有些会出现生命，有些则不会。其中一些宇宙死气沉沉，只是一堆物质和能量的废墟，而另一些宇宙将出现细胞、植物、动物和思想。在多重宇宙理论所预测的数量庞大的宇宙中，有生命的宇宙所占的比例无疑是很小的。不过没关系，我们就生活在一个允许生命存在的宇宙中，否则我们就不会在这里思考这个问题了。

这一解释似乎也可以用来说明，我们何以恰巧生活在一个有这么多美好事物——氧气、水、介于水的冰点和沸点之间的温度等等——供我们舒适生存的星球上。这种幸福的巧合仅仅是好运吗？还是上天庇护？还是其他呢？都不是。这只是因为，我们无法在没有这些条件的星球上生存。很多其他行星可不会这么热情地对待生命。例如天王星，那里的温度是零下371华氏度[①]；还有金星，那里下的是硫酸雨。

多重宇宙的观念对“精心调整”之谜给出了解释，在这种解释中，无需“设计者”的存在。正如温伯格所说：“几百年以来，科学之所以能削弱宗教的地位，不是因为其否定上帝的存在，而是根据对自然世界的观察，来将‘上帝’证伪。多重宇宙的观念，解释了这个适宜生存的宇宙，并非造物者的恩赐。因此，如果其正确，宗教的支持者将会更少。”

对于依靠人择原理和多重宇宙的概念来解释物理学中基本参数的值，一些物理学家仍持怀疑态度。而其他人，如温伯格和古斯，则选择勉为其难地接受，因为人择原理和多重宇宙观念二者结合，是目前对已观测到的事实的最佳解释。

倘若多重宇宙的观念是正确的，那么物理学的历史使

---

① 约为零下224摄氏度。

命，也即用基本原理来解释宇宙的所有属性——解释我们这个宇宙的属性为何必然如此——就无法完成，就是一场注定无法实现的哲学美梦。我们的宇宙之所以是现在的样子，只是因为我们身处其中。这就好比一群有智慧的鱼，某天开始思考为什么世界上全是水。鱼群中的理论家，希望证明世界上必然要充满水，多年来，它们全心扑在这项任务上，却似乎永远无法证明自己的论断。然后，鱼群中的长者提出了假设，也许它们一直在自欺欺人。它们认为，也许还存在很多其他的世界，有些是完全干燥的，而有些是潮湿的，一切都介于这二者之间。

“精心调整”最显著的例子，就是科学家们意外探测到的“暗能量”（dark energy），它实际上需要用多重宇宙的理论来解释。位于智利，美国夏威夷州、亚利桑那州以及外太空的程控望远镜，每晚可以梳理上百万个星系。十几年前，天文学家利用它们发现宇宙的膨胀正在加速。自20世纪20年代末以来，人们就认识到，宇宙正在膨胀，这也是宇宙大爆炸模型的理论核心。传统的宇宙学思想认为，这种膨胀正在放缓。毕竟，重力是一种相互吸引的力，它会慢慢拉近物质间的距离。因此，在1998年，当两个天文学家团队声称，某种未知的力量似乎正在踩着宇宙的加速踏板，这着实令人惊讶。宇宙膨胀正在加速。星系像是被反重力排斥一样，正在远离彼此。天文学家团队成员之一的罗伯特·科什纳（Robert Kirshner）说："这可不是我们认识中的宇宙。"[4]物理学家将这种意料之外的宇宙力量称为暗能量。没人知道它究竟是什么。它不仅无法被观测，而且显然隐藏在真空之中。然而，根据我们对宇宙膨胀速度的观察，暗能量竟然占据了宇宙总能量的四分之三之多。暗能量是幕后的终极王者，是科学"房间中隐形的大象"。

暗能量的总量，或者更准确地说，每立方厘米空间中暗能量的总量，经测量约为一亿分之一（10^{-8}）尔格。（作为参考，一枚一分硬币从齐腰高的位置掉落在地上，其产生的能量约为300 000尔格，也就是3×10^{5}尔格。）看起来可能不多，但在浩瀚的太空中，其总和堪称巨量。通过测量宇宙在不同时期的膨胀速率，天文学家能够确定这一数字。如果宇宙正在加速膨胀，那么它过去的膨胀速度相较现在就更慢。天文学家可以根据加速度的大小，计算出暗能量的总量。

理论物理学家对于暗能量的真面目提出了几种猜测。它可能来自某种幽灵般的亚原子粒子，这种粒子在消亡前能短暂地凭空出现，然后又悄无声息地退回真空中。根据量子物理学的观点，真空中充斥着亚原子粒子，它们无序攒动，在人们看到它们之前就消失了。暗能量也可能与一种假设中的、尚未被观测到的力场——希格斯场（Higgs field）——有关，希格斯场有时被用来解释为什么某类物质具有质量。理论物理学家总是思考其他人不会去想的问题。（注：在我撰写本文的一年后，也即2012年夏天，物理学家称已观察到希格斯场，详见《对称的宇宙》一章。）弦理论则认为，暗能量或许与高维空间——超越常规的长度、宽度与广度——压缩成远小于原子的体积的过程有关，因此我们无法察觉。

各种各样的假设，对宇宙中暗能量的理论可能值，给出了一个非常大的范围，从每立方厘米10^{115}尔格到每立方厘米-10^{115}尔格。（暗能量的负值表示其作用是使宇宙膨胀减速，这与观察到的情况相反。）因此，在绝对数量上，我们宇宙中被实际发现的暗能量的总量，与其可能存在的总量相比，是非常非常小的。单单下列这一事实就足够令人惊讶：如果有一把尺子从地球延伸到太阳，再将暗能量的理论可能值的范围标示在其上（从 -10^{115} 到 10^{115}），那么，在我们的宇宙中实际发现的暗能量值（每立方厘米 10^{-8} 尔格）与零点的距离，还不及现实中的一个原子的宽度。

不过，大多数物理学家都认同一件事。那就是，如果宇宙中的暗能量的总量与实际情况仅有一丝不同，生命就不可能出现。稍大一些，宇宙膨胀的速度就会过快，在宇宙形成初期，物质就无法结合在一起形成恒星，恒星中的复杂原子也就无从产生。如果暗能量为负值，再稍小一些，那么宇宙的膨胀就会迅速放缓，在形成最简单的原子之前便重新坍缩。

这是一个明显的精心调整的示例：我们宇宙中的暗能量总量有无数种可能性，而实际值恰好在允许生命存在的微小范围之内。这一点毋庸置疑。这与生命的存在是否需要水、氧气或者特殊的化学性质无关，它是从原子的角度来确定的——生命的存在需要原子。和之前一样，人们禁不住会问：为什么会有这种精心调整呢？许多物理学家如今相信的答案是：多重宇宙。可能存在无数个宇宙，它们各自所拥有的暗能量总量也各有不同。其中，有一些宇宙的暗能量总量很小，所以生命才得以诞生，而我们这个特定的宇宙，就是其中之一。因为我们存在于此，所以我们的宇宙必须如此。我们是一个偶然。在包含数十亿个宇宙的彩票池中，我们恰巧抽中了允许生命存在的那一个。但话又说回来，倘若我们没有抽中，也不会在此思考其中的概率。

多重宇宙的观念之所以令人信服，不仅是因为它解释得了“精心调整”的问题。如前所述，多重宇宙可能存在是根据许多现代物理学理论推测出来的。“永恒暴胀”理论就是其中之一，它由保罗·斯泰恩哈特（Paul Steinhardt）、亚历克斯·维连金（Alex Vilenkin）和安德烈·林德（Andrei Linde）于20世纪80年代提出，是对古斯的“暴胀理论”的修正。在暴胀理论中，新生宇宙的急速膨胀，是由一种能量场（比如暗能量）引起的。能量场被暂时困在宇宙非最低能量水平的环境之中——就像一枚弹珠待在桌面的小凹槽里。这枚弹珠一旦受到挤压，就会滚出凹槽，滚过桌面，然后落在地板上（也即可能的最低能量水平）。在永恒暴胀理论中，暗能量场在宇宙空间各处分布不均，如同许多弹珠分布在宇宙这张巨大桌面的不同凹槽里。在量子力学固有的随机过程中，每一枚弹珠都会受到挤压，其中一些弹珠就会开始滚过桌面并掉落在地板上，然后开始新的“大爆炸”，产生新的宇宙。因此，原始的、快速膨胀的宇宙在一个永无止境的过程中产生了大量的新宇宙。

同样地，“弦理论”也预测了多重宇宙可能存在。“弦理论”出现于20世纪60年代末，最初是关于强核力的理论，但很快，它的应用范围就远不限于此。弦理论假设，物质的最小组成部分不是如电子那样的亚原子粒子，而是一种极其微小的一维能量——“弦”（strings）。这些基本弦元素会以不同的频率振动，如同小提琴的琴弦一样，而不同的振动模式则对应着不同的基本粒子和基本力。除了三维空间，弦理论通常还需要另外七个维度的空间，这些额外的维度被压缩至我们从未观测过的极小尺度，就像从很远的地方观察花园中一条三维的水管，看起来就像是一根一维的线条。事实上，弦理论中的额外维度，有着许多种折叠方式，有点儿像一张纸可以以许多种方式折叠起来，而每一种不同的折叠方式，都会相应地产生具有不同物理特性的宇宙。

最初，人们希望物理学家能在加入极少附加参数的条件下，利用这种关于“弦”的理论——物质世界的一切都是基本弦元素振动的表现——来解释自然界中所有的力和粒子。至此，弦理论将成为柏拉图式理想的化身，以少数基本原则来彻底地解读宇宙。然而，在过去的几年中，物理学家们发现，在弦理论的预测中，并不只存在一个唯一的宇宙，而是存在大量的具有不同特性的可能的宇宙。据估计，“弦论景观”（string landscape）中包含了10^{500}个可能的宇宙。这个数字，实际上等同于无限。

必须指出的是，无论是“永恒暴胀”还是“弦理论”，都没能如广义相对论或量子电动力学等先前的物理学理论那样，有科学实验的支持。它们其中之一或二者最终都有可能是错误的。尽管如此，一批世界顶尖物理学家，仍献身于对这两个理论的研究之中。

让我们再次回到那群有智慧的鱼群之中。鱼群中的长者猜想，在它们所在的世界之外，还有许多其他的世界，有些有旱地，有些都是水。有些鱼勉为其难地接受了这个解释，有些则感到如释重负。有些鱼觉得它们终其一生的思索失去了意义。而有些鱼则仍然深感担忧，因为它们无法证明这个猜想。这种不确定性也困扰着许多正在适应多重宇宙观念的物理学家。我们不仅必须接受我们宇宙的基本属性是偶然的、不可计算的，还必须相信存在着许多其他的宇宙。但我们想象不出任何方法来观察这些宇宙，也无从证明它们的存在。也就是说，为了解释我们在客观世界中之所见以及心中之所想，我们必须相信自己无法证实的东西。

听起来很耳熟对吗？神学家总是为宗教信仰披上信念的外衣，科学家则不然，如此论证实在与科学精神背道而驰。我们所能做的，就是希望这些预测多重宇宙的理论也能做出其他预测，以供我们在当前宇宙中验证其真伪。至于其他宇宙，几乎只能存在于猜想之中了。

“在发现暗能量以及多重宇宙观出现之前，我们对自己的直觉信心满满，”古斯说，“我们仍有许多事物要去理解，但将无法获得用基本原理揭示一切的乐趣。”人们不禁要问，如果25岁的艾伦·古斯投身于当今的科学界，他是否还会选择理论物理呢？

短暂的宇宙

去年8月，我的大女儿结婚了。婚礼在缅因州威尔斯小镇的一处农场举行。在一片绵延的绿色草地上，有一间白色木质仓房，还有古典吉他悠扬的琴声。婚礼成员走下缓坡，走向花棚，宾客则坐在简约的白色椅子上，旁边装点着一排排的向日葵。空气中弥漫着枫树、草地以及万物生长的气味。这是一桩我们期盼已久的婚姻。我们两个家庭彼此知根知底，多年来感情深厚。我的女儿身穿一袭白色礼服，头戴一朵白色的大丽花，光彩照人，她让我牵起她的手，一起走过红毯。

这是一幅完美的画面，至喜，也至悲。因为我希望，我的女儿能回到她10岁或者20岁的时候。当我们一同走向那座可爱的、终将吞没我们所有人的拱门时，往日的一幕幕在我的脑海闪过：她一年级时，抱着一只个头跟她自己差不多大的海星，露出缺了一颗牙齿的笑容；她坐在自行车后座上，我载着她去河边，我们一起往河里扔石头；她在她第一次来月经的第二天向我倾诉。如今的她已经30岁，脸上也有了皱纹。

不知为何，我们如此渴望永恒，如此不安于事物转瞬即逝的本质。我们徒劳地抓住那早已破烂不堪的钱包，久久不愿舍弃。我们一遍遍地回访自己儿时生活过的老街区，寻找记忆中的小树林、小栅栏。我们不断翻看着旧时的相册。在基督教会，在犹太教堂，在清真寺，我们祈求着永恒与不朽。然而，在每一个角落、每一处缝隙，我们都能听到大自然声嘶力竭地呐喊着：世上没有永恒，一切都在消逝。我们周遭目所能及的一切，包括自己的身体，都处在变化与消散之中，终有一天会彻底消失。试问1800年，也即短短两个世纪之前，生活着、呼吸着的那十亿人，如今又在哪里呢？

证据似乎再清楚不过了。在夏季时节，数十亿只蜉蝣在出生后24小时之内便会死去。雄蚁的寿命不超过两周。

萱草花开花败，只留下枯萎干薄的茎秆。森林毁于大火，又自然恢复，然后再次消失。古老的石庙和尖塔，在含盐的空气中剥落、断裂、破碎，变成一堆残骸，最终化为乌有。海岸线受到侵蚀而倒退。冰川缓慢而坚定地磨灭了土地。曾经，陆地都连在一块；曾经，空气中充满了氨和甲烷，现在则是氧和氮，未来还会变成别的东西。太阳正在消耗它的核燃料。再看看我们的身体，中年过后，皮肤便会下垂干裂，视力降低，听力衰减，骨骼萎缩易碎。

就在几天前，我最喜欢的那双鞋终于穿得不能再穿了。那是一双铜色翼尖鞋，是30年前我买来在朋友的毕业典礼上穿的。买来的头几年，要让鞋子看起来漂亮，我只需时常擦拭就行。之后，鞋底开始磨损了。每隔几年，我就会把鞋送到熟识的修鞋店，换上新的鞋底。这是一家意大利祖孙三代经营的修鞋店，早年间是老爷子给我修鞋，他去世之后，修鞋的事就由他儿子接手了。这家店让我的鞋子又坚持了20年。我妻子曾恳请我把这双鞋丢掉，但我十分喜爱它，它让我想起自己的年少时代。最终，由于鞋面的皮革变得太薄，它开始开裂，破皮。我仍把它送去修鞋店，鞋匠看着它，摇着头笑了。

…………

物理学家称之为“热力学第二定律”（the second law of thermodynamics）[①]，也叫“时间之矢”，宇宙无视人类对永恒的渴望，正在无情地消耗、崩坏，走向极度无序的混乱状态。这是一个概率问题。试想，一开始，你掌控着完美得近乎不可能的秩序，就像一副按照数字和花色排列好的纸牌，抑或几颗行星围绕着中心恒星完美运行的星系。然后你将这副牌一次次地扔到地上，让其他恒星自由掠过你的星系，用它们的引力推搡着它。纸牌变得杂乱无章，行星脱离轨道，在太空中漫无目的地漂流。秩序屈服于混乱，重复让位于变化。最终，你无法战胜概率。在赌桌上，你可能赢得了一时，但是宇宙可以永远玩下去，比任何玩家都玩得久。

再来看看生物的世界。为什么我们不能永远活下去呢？众所周知，变形虫和人类的生命周期，是由细胞中的

① 热力学的基本定律之一，说明热现象过程的方向。一种表述是：不可能从单一热源吸热，使吸收的热完全变成有用功，而不引起其他变化；另一种表述是：不可能使热量从低温物体传到高温物体，而不引起其他变化。

基因控制的。虽然大部分基因的使命，是传递指令以构筑新的变形虫或者人类，但仍有相当一部分基因，其作用是监督细胞的运作以及替代耗损的基因。其中有些基因会被复制数千次，还有一些基因，会不断遭到生物体内的化学风暴和带有不成对电子的原子（自由基）的侵扰，以上二者还会破坏其他原子。遭到破坏的原子，由于其电子错位，也就无法恰当地拉动附近的原子，以形成正确的化学键和结构形式。简而言之，随着时间的推移，基因会退化，就像是失去了尖齿的叉子，无法完成自己的工作。就说肌肉吧，随着年龄的增长，肌肉逐渐松弛，失去质量和力量，当我们在房间内蹒跚踱步时，肌肉几乎撑不起我们自身的体重。我们为什么必须忍受这种屈辱？因为我们的肌肉，像所有生物组织一样，由于正常的磨损，必须不时地进行修复。这项工作是由名为机械生长因子（mechano growth factor）的荷尔蒙负责的，而这种荷尔蒙是由IGF1[①]基因管

① IGF1（insulin-like growth factor），类胰岛素一号生长因子，它是具有促生长作用的多肽类物质，对调节组织生长和发育，维持肌肉体积及力量、身体成分，以及调节营养代谢起着重要的作用。

控的。当基因失去了它的“尖齿”……肌肉松弛；活力不再；来自尘土，归于尘土。

实际上，我们体内的大部分细胞，一直都在被淘汰、恢复和更新，以推迟那不可避免的死亡。可以想象，肠道内壁会接触到许多对器官组织造成损害的讨厌的东西。为了保持健康，这个器官的细胞需要不断更新。肠道表皮下的细胞，每隔12至16小时就会分裂一次，每隔几天，整个肠道都会翻新一遍。我大致算了一下，一个正常人活到40岁时，他的大肠内壁会经历数千次的更换。每一遍更换，都会有数十亿细胞焕新。这一过程，还会带动数万亿的细胞分裂，并将DNA中的秘密信息传递给更新链的下一环。在如此庞大的数字下，如果这一过程中没有出现复制错误，没有遗漏信息，没有出现紊乱或者指令出错，那将是一个不折不扣的奇迹。也许最好的办法就是静静坐着，直到生命的尽头。开个玩笑，还是不要这样为好。

尽管所有的证据都摆在这里，我们仍然不懈地追求年轻和不朽，我们仍旧翻看着老照片，仍希望我们的儿女能回到孩童时期。每一种文明都在寻找“长生不老药”（elixir of life）——一种能让人青春永葆、长生不老的神奇药水。仅在中国，这种物质就有上千种名字。波斯、伊拉克以及历史悠久的欧洲国家，都有这种物质的传说。有些地方称之为仙露（*Amrita*），或生命之水（*Aab-i-Hayat*），或摩诃拉（*Maha Ras*）、神圣之水（*Mansarover*）、神泉（*Chasma-i-Kausar*）、索马拉斯（*Soma Ras*）、舞蹈之水（*Dancing Water*）、神酒之泉（Pool of Nectar）。在古代苏美尔史诗《吉尔伽美什》（*Gilgamesh*，世界最早的文学作品之一）[①]中，勇武的苏美尔王吉尔伽美什，踏上了充满艰难危险的旅程，只为寻得永生的秘密。在旅程的终点，洪水之神乌塔那匹兹姆（Utnapishtim）向吉尔伽美什提议，让他通过保持清醒六天七晚来体验一下永生的滋味，但乌塔那匹兹姆话音未落，吉尔伽美什便睡着了。秦始皇是中国的第一位皇帝，他晚年时派出数百人去寻求长生不老药。据说这些人空手而归后，秦始皇的侍医给他呈上了水银做成的药丸，让其

① 《吉尔伽美什》是人类最古老的史诗，是用楔形文字（古代苏美尔文明的文字）写成的，其内容是对苏美尔三大英雄之一——吉尔伽美什所作的赞歌。

永生不灭，不久后秦始皇就因水银中毒死了。不过就算他没吃，最终还是要死的。

我们花大把的钱去买假发，做缩腹，去拉皮、隆胸、染发、柔肤，去植入阴茎假体，做激光手术，注入肉毒杆菌，治疗静脉曲张。我们吞下各种维生素片、抗衰老的药剂和其他乱七八糟的东西。我最近在谷歌上搜了一下“保持年轻的产品”，而后显示出37 200 000条结果。

我们想要留住的，不仅是年轻的身体。我们中的大多数人，总是在与大大小小的各种改变对抗着。所有公司都害怕架构调整，即使这种调整对其有益，它们在经历动荡时，会成立一个单独的部门、出台一整套办法，来“应对变化”、保护员工。股市会因波动和不确定因素而大跳水。“你了解的魔鬼总比你不了解的魔鬼要好。”我们当中有人会嚷嚷着要用新型的、奇形怪状的小型“节能”荧光灯和发光二极管，来取代我们熟悉而又令人舒适的白炽灯吗？我们不愿丢掉那早已穿坏的鞋子，磨薄了的套头毛衣和童年时期的棒球手套。我有个朋友是一名水管工，他那把水泵钳已经用了20年，早就伤痕累累、破旧不堪了，可他就是不肯换。过时的君主制在世界各地仍得以保留。天主教中，神父应该独身这一规定，自1563年“天特会议”（Council of Trent）以来基本没有改变。

我有一张加州帕西菲卡附近海岸的照片。[1]因受到不可逆转的侵蚀，加州海岸线正以每年8英寸①的速度倒退。你也许会说，这也没多少啊。但它会随着时间的推移积少成多。50年前，一位帕西菲卡的年轻女士把房子建在距离悬崖边缘30英尺②的安全位置，这个位置能看到绝佳的海景。5年过去，10年过去，没什么好担心的。房子距离悬崖边缘仍有23英尺，她十分喜爱自己的房子，不忍心搬走。20年、30年、40年……现在，悬崖离她只有3英尺。她仍然希望，侵蚀会以某种方式停止，好让她能守住自己的家。她希望一切照旧。但实际上，她所期望的，是推翻热力学第二定律，虽然她可能无法如此描述自己的期望。我看着这张照片，十几栋房子矗立在帕西菲卡海岸边的悬崖之上，看起

---

① 1英寸约为2.5厘米。——编者注

② 1英尺约为30.5厘米。——编者注

来像脆弱的火柴盒，它们的底部已经探出悬崖之外。一些房子的遮阳棚和门廊都已滑落悬崖，沉入大海。

在45亿年的历史中，我们的地球经历了不断的激荡和变化。原始地球的大气层是没有氧气的。那时的地球由于内部处在熔融状态，比现在要热得多，有大量的火山喷发。来自地核的热流，驱动着地壳变化和移动。巨大的陆地板块在深层构造板块上分裂和滑动。然后，植物通过光合作用向大气中释放氧气。在某些时期，空气中气体成分的不断变化，导致地球的气温变冷，冰雪覆盖其上，甚至整个海洋可能都冻结了。今天的地球，仍处于不断变化之中。每隔几年，就有约100亿吨的碳在植物和大气中完成循环——它们先是以二氧化碳气体的形式被植物吸收，然后通过光合作用转化成糖分，又经植物死亡或者被吃掉而被重新排放到土壤和空气中。碳原子则通过岩石、土壤、海洋和植物完成循环，这一过程需要约上亿年。

我们的太阳和其他恒星又如何呢？在莎士比亚笔下，裘力斯·凯撒对凯歇斯说道：“可是我像北极星一样坚定/

它的不可动摇的性质/在天宇中是无与伦比的。”[①]不过，凯撒对现代天体物理学和热力学第二定律并不熟悉。无论是北极星还是其他恒星，包括太阳，都在消耗着自己的核燃料，待燃料耗尽，它们就会黯淡，成为漂浮在太空中的冰冷余烬。或者，如果恒星的质量足够大，它的生命会以最后的爆炸落幕。就拿我们的太阳来说，它的燃料还可以再支撑50亿年。在那之后，它将膨胀成一个巨大的红色气态球体，笼罩着地球，在一番抽搐之后，最终沉淀成一颗主要由碳和氧组成的冷球。在过去的亿万年中，在引力的作用下，宇宙中的气态星云聚合到一起，形成新的恒星，取代了垂死的恒星。但是，从大爆炸之初，宇宙就在不断膨胀、变得稀薄，大范围的气态星云聚合将逐渐停止，在未来，气体的密度将无法满足新恒星的形成。此外，大多数恒星燃烧所需的较轻的化学元素，如氢和氦，总会耗尽。在未来的某个时刻，再也不会有新的恒星诞生。我们宇宙

① 引自莎士比亚戏剧《裘力斯·凯撒》(*Julius Caesar*)，北京：中国文史出版社，2013年9月，朱生豪译。

中的恒星正在熄灭，缓慢但坚定。终有一日，夜幕将一片漆黑，所谓白昼，也将不复存在。那时的太阳系，将是行星围绕着一颗已死的恒星运转。据天体物理学计算，大约在一千万亿年后，即便是已经死亡的恒星系统，也会因遭遇其他恒星的引力作用，最终分崩离析。[2]在一千亿亿年后，星系也将瓦解，那些死去的恒星，将变成冰冷的球体，在空旷的太空中独自飘向宇宙的边缘。

世界的本质就是瞬息即逝，佛教徒早已洞悉这一点。

他们称其为“anicca”，也即“无常”（impermanence）。在佛教中，“无常”是存在的三相（three signs of existence）之一，另外二者分别是“dukkha”，即“苦”（suffering），以及“anatta”，即“无我”（non-selfhood）。“诸行无常，是生灭法：万物生而后灭。”[3]在《大般涅槃经》（Mahaparinibbana Sutta）中，佛陀死后，帝释天（Sakka）[①]如此说道。佛教徒说，我们不应“执着”（attach）于世间之物，因为万物皆是

① 帝释天，又称天帝释，全名为释提桓因陀罗，简称因陀罗。本为印度教神明，司职雷电与战斗，后入佛教为护法神。

瞬息，转眼便会消逝。佛教徒说，“执着”是所有痛苦的根源。

如果我能放下对女儿的牵挂，或许就会好受些。

但即使是佛教徒也相信有一种类似于不朽的东西。它被称为“涅槃”（Nirvana）。一个人经过无数次的考验和轮回，成功地抛开了所有的执着和渴望，最终实现了彻底的开悟，就可以达到涅槃。据佛陀描述，涅槃的终极状态为“amaravati”，意为“永生”（deathlessness）。在一个人终得涅槃之后，就可以免于轮回。事实上，世上几乎所有的宗教都推崇不朽的理想。上帝是不朽的。我们的灵魂也可能是不朽的。

在我看来，这是人类存在的深刻矛盾之一。即使自然界的一切证据都表明我们是错误的，我们也依然渴望不朽，依然热切地相信某些东西一定是不变的、永恒的。我当然也有这种渴望。要么是我有妄想症，要么就是自然界并未包含一切。祈愿自己和女儿（以及我的那双翼尖鞋）能够永生，这是我一厢情愿的徒劳，除非有一些不朽的领域超乎自然之外。

如果我确实有妄想症，那我就该好好和自己谈一谈，去克服它。毕竟，我所渴望的不止这些，还有一些不切实际或者于健康不利的东西。人类有一项极好的本领，就是将头脑中所想的变成现实。如果自然界真的并未包含一切，那么我们便发现了自然的缺陷。即使物质世界包罗万象——原子的精美结构、潮汐的律动、星系的光辉——自然界也仍缺少一种更为精致、宏伟的东西。这种东西是不朽的，是存在于人们视线之外的，它不可能由物质构成，因为所有的物质都难逃热力学第二定律的掌控。也许这种令人神往的不朽的存在，超越于时间和空间。也许它就是上帝。也许就是它创造了宇宙。

在“妄想症”和“自然的缺陷”之间，我更倾向于前者。我无法相信自然会有如此大的缺陷。虽然自然界中还有许多我们尚未理解的事物，但要说在某处隐藏着一种完全不同于其他物质的、宏伟无比的环境或东西，我无法相信。所以，一定是我有妄想症。对青春永驻和一切恒常的无尽渴望，使我失去理智。也许通过正确地管束自己不羁的思想和情感，我能不再去渴望那些不可能存在的东西。

也许我能接受这样的事实：过不了几年，构成我身体的原子就会散在风中，落进土里，我的精神和思想不复存在，我的欣喜和愉悦烟消云散，我的“自我”消散在无尽的虚无之中。虽然我确信事实就是如此，但我无法接受这样的结局。我无法强迫自己的思想坠入那个黑暗之境。叔本华（Schopenhauer）说：“一个人能做他想做的，但不能要他想要的。”[4]

我还想问另一个问题：如果我们无法如愿以偿，终究难逃一死，那死亡本身会是壮美的吗？即使我们因生命的短暂而挣扎、咆哮，我们是否会在这短暂的生命中找到一些宏伟的东西？生命中是否有某种珍贵和价值，正是因其短暂的本质而存在？我想到了昙花，在一年中的大部分时间里，这种植物外观粗糙，其貌不扬。但在每年夏天的某个夜晚，它会绽放丝绸般柔滑的白色花瓣，包裹着带状的黄色花丝，花朵的外层看起来就像一只小海葵。到了早晨，花朵就会枯萎。一年中只有寥寥几次，就像宇宙中的生命一样，精致而短暂。

精神的宇宙

I

10年前，我加入了麻省理工学院的一个小团体，这个团体的成员有科学家、演员、剧作家等，我们每个月都会在一间铺有地毯的研讨室里开会。我们成立这个小组的原因，概括起来就是：探索科学和艺术是如何相互影响的。伴随着午后的阳光在房间里缓缓流过，并最终散去，我们讨论着各种各样的话题：从科学发现史，到创作过程的本质；从演员与观众产生共鸣的途径，到纽约和波士顿最新的戏剧。我们这个沙龙之所以成功，是因为我们从不会提前规定好议程。每当会议开始，总会有人抛出自己的某个随想，而另一个人则会插话附和或者变换话题，就这样聊着聊着，20分钟后，我们会奇迹般地发现，大家已经锁定了一个所有人都热衷的话题。

另一件令我感到惊奇的事情是，宗教话题总在不经意间频繁地出现在会议过程中。阿兰·布罗迪（Alan Brody）是一名剧作家兼导演，也是我们小组的成员，他对此解释道："一直以来，戏剧都与宗教息息相关。我所说的宗教，是指我们赖以生存的信仰。科学就是21世纪的宗教。"[1]但如果真如他所说，科学就是21世纪的宗教的话，那我们为何还会认真地讨论天堂、地狱、死后的世界以及上帝显灵等话题？物理学家艾伦·古斯也是这个小组的一员，他开创了宇宙大爆炸暴胀理论，使得我们对宇宙的认识，得以回溯到其初生的那不足万亿分之一秒的时间。小组前成员、生物学家南希·霍普金斯（Nancy Hopkins），通过操控生物的DNA来研究基因如何控制生物的发育和成长。现代科学已经将"神"逼到死角了吗？作为神的"他"或"她"还是"它"难道已无用武之地了吗？又或者现代科学已经让"神"无足轻重了？都不是。调查显示，超过四分之三的美国人仍相信神迹，相信灵魂永生，相信神。近年来，知名的无神论者出版的书籍和发表的声明层出不穷，尽管如此，宗教——与科学一道——仍是塑造我们的文明的主导力量之一。我们这个由科学家和艺术家组成的小团体，发现自己为这两种对比鲜明的信念所吸引，为这两种不同的理解世界的方式所吸引，同时也为科学和宗教如何在我们的思想中共存而着迷。

作为一名科学家，同时也是一名人文主义者，我一直致力于理解不同的知识主张。在这一过程中，我终于构想出了一种（在我看来）能与科学共存的宗教信仰。首先要阐明，我认为科学的核心要义是：物质宇宙中的所有属性和事件都受定律的支配，而这些定律在宇宙中的任何时间和地点都是正确的。尽管科学家们并没有明确地阐述这一点，我的博士论文导师也从未向他的学生提过它，但这一核心要义对大多数科学家来说，如同呼吸的氧气一般，无形但至关重要。当然，我们目前还没有掌握所有的基本定律。但是大多数科学家相信，有这样一套完整的定律存在，并且理论上是可以为人类所发现的，就像19世纪的那些探险者一样，尽管从未有人抵达过北极，但他们相信北极就在那里。

以“能量守恒”（the conservation of energy）这一科学定律为例：一个封闭系统中的总能量保持不变。某个单独物体所包含的能量可能会转化成别的形式，如蕴藏在一根崭新火柴中的化学能量，当火柴燃烧时，会转化成热能和光能。但根据能量守恒定律，能量的总量不会改变。在任何时候，我们对科学定律的认知都只是暂时的。随着科学史的更迭，我们发现，一些“有效的”定律不得不面临修正，例如，以爱因斯坦更深入、更准确的引力定律（1915），取代牛顿提出的引力定律（1687）。但这种修正是科学发展进程中的一部分，并不会破坏科学的核心要义——一套完整的定律确实存在，而且这些定律是不容违背的。诺贝尔奖得主、物理学家史蒂文·温伯格写过一本书，书名就叫《终极理论之梦》（*Dreams of a Final Theory*）。

接下来，是对“神”进行有效的定义。如果神确实存在，我不会佯装自己了解其真面目，但为了此处讨论之便，参考几乎所有宗教都同意的观点，我们可以有把握地说，神可以被理解为不受物质宇宙中物质和能量规律限制的存在。换句话说，神存在于物质和能量之外。在大多数宗教中，神都是有目的、有意志地行事，有时会违反现有的物理法则（也即创造奇迹），并具有一些额外的品质，如智慧、慈悲和无所不知。

有了这些先决条件，我们便可以说科学和神是可以共存的，只要后者在宇宙开始运行之后能够退到一旁、不加干涉。当宇宙的钟摆开始摆动，所谓神如果还横加干预的话，便会打破物理定律，这显然会颠覆科学的核心要义。当然，这些物理定律可能就是神在时间开始之前创造的。但是，根据科学的核心要义，定律一旦被创造出来，就是不可改变的，任何时刻都不容违背。

依据神对世间的影响程度的不同，我们可以将宗教信仰进行分类。有一种极端是“无神论”（*atheism*）：神不存在，仅此而已。接下来的是“自然神论”（*deism*）。自然神论是流行于17世纪和18世纪的一种观点，它的存在，一定程度上是为了将新科学与神学思想相结合。自然神论认为，神创造了宇宙，但此后并没有干涉宇宙运行。伏尔泰（Voltaire）就自认是一名自然神论者。再接下来的则是认为

“神更加活跃”的信仰——“神无处不在论”（*immanentism*）：神创造了宇宙和物理规律，并继续发挥影响，但其行为只是重复运用这些已定的规律。〔参考由欧文·托马斯（Owen Thomas）选编的书《世间神迹：当代困境》（*God's Activity in the World: The Contemporary Problem*）[2]〕虽然从哲学上说，神无处不在论与自然神论有所区别，但是二者在实际作用上是等同的，因为它们都认为神不会在世上创造神迹，科学的核心要义也就得以维持。也许有人会觉得，爱因斯坦就相信存在这样一位无处不在的神。最后，是一些神学家们的所谓“干涉论”（interventionism）：神能够并且确实时不时地破坏定律。〔参考查尔斯·贺智（Charles Hodge）所著《系统神学》（*Systematic Theology*）一书[3]〕

大多数宗教，包括基督教、犹太教、伊斯兰教和印度教等，都认同干涉论的观点。根据上文的分析，所有这些宗教都与现有科学相悖，至少在其正统陈述中是如此。通过纯粹的逻辑分析，我们只能止步于此了。除了在宇宙开始运行后不加干涉的那一位，其他所有的神都与科学的假设相冲突。

但实际情况并非如此简单。大多数非科学家信徒，即便不认同或不接受科学的核心要义，也都承认科学的价值。一些特立独行的科学家，相信那些无法用科学方法分析，甚至是与科学相悖的自然事件。也就是说，一小部分科学家拒绝承认科学的核心要义。如此看来，当今世界，有相当多的科学家从正统意义上看，是虔诚的宗教信徒。莱斯大学的社会学家伊莱恩·霍华德·埃克隆（Elaine Howard Ecklund）进行过一项研究，他采访了来自美国顶尖大学的近1700名科学家，结果显示，其中有25%的人相信上帝的存在。[4]

弗朗西斯·柯林斯是著名的“人类基因组计划”（Human Genome Project）的领导者，也是现任美国卫生研究院院长，他在接受《新闻周刊》（*Newsweek*）采访时说：“从我27岁入教以来，我从未觉得科学和信仰难以调和。……如果你将自己局限在科学问题之中，就会忽视掉一些在我看来同样很重要的事情，比如，我们为什么在这里？生命的意义是什么？上帝是否存在？这些都不是科学问题。我只是想说，在你提出任何问题之前，先要深思——这是信仰问题还是科学问题？只要能够谨记二者的区别，就不会觉得有什么冲突。”[5]伊恩·哈钦森（Ian Hutchinson）是麻省理工学院核科学与工程教授，他对我说：“宇宙因上帝的行为而存在。我们称为‘自然定律’的东西是上帝的手笔，是我们对上帝指挥宇宙的常规手段的描述。我认为当今确实有神迹发生，而且历史上也曾发生过，并不是只有科学才是可靠的知识。比如，基督复活的证据就不能用科学的方法来探讨。”[6]哈佛大学天文学及科学史荣誉教授欧文·金格里奇说：“我相信，我们的物质宇宙是以某种方式被包裹在一个更广阔、更深层的精神宇宙之中，在这个精神宇宙中，神迹是可以发生的。如果这个世界不是由定律主导的，那我们就无法提前计划或者做出任何决定。科学图景中的世界固然重要，但科学并不能解释所有事情。即使在科学领域，我们也对很多事情想当然了。事情的关键在于你倾向于相信什么。信仰是关乎希望的，与证据无关。”[7]

虔诚的科学家信徒，如柯林斯、哈钦森以及金格里奇，他们既信仰科学，又信仰干涉世事的上帝，为了调和二者，他们采用的世界观是：物理学、生物学和化学的定律在大多数时间支配着物质宇宙的行为，因此值得我们认真研究；然而，有时候，上帝会在这些定律之外进行干预和行动。这些特殊的神的行为不能用科学的方法进行分析。

我坦白，我是一名无神论者。我完全拥护科学的核心要义，并且，我不相信有一个存在于物质和能量之外的存在，即使这个存在不参与物质世界的纷争。可是，我完全同意柯林斯、哈钦森和金格里奇的看法，即科学并不是获取知识的唯一途径，在实验器材和方程式无法探索的地方，还有许多有趣且重要的问题。显然，广阔的艺术领域所涉及的内在体验，是无法用科学来分析的。人文科学（如历史学和哲学）提出的问题，并没有明确或公认的答案。

最后，我认为有些事情我们是无条件相信的，没有任何实物证据，甚至没有任何方法可以证明。我们无法清楚地说明，为什么某本小说的结局令人魂牵梦萦。我们无法证明，在什么条件下，我们甘愿牺牲自己的性命来挽救孩子的性命。我们无法证明，为了养活家人而偷窃是对还是错，甚至无法就“对”和“错”的定义达成一致。我们无法证明生命的意义，或者生命是否有任何意义。对于这些问题，我们尽可以搜集论据然后进行辩论，但无论如何，我们无法像物理学家分析1英尺长的钟摆完成摆动需要多少秒那样，研究出一个理论性的分析系统。前面的这些问题是美学、道德和哲学问题。这些问题是关于艺术和人文学科的，也契合了传统宗教的一些无形的关切。

再举一例，我无法证明科学的核心要义真实存在。

多年前，当我还是一名物理学研究生时，我接触到了“适定问题”（well-posed problem）这一概念：可以清晰且准确地阐明的、确定只有一个答案的问题。科学家们一直以来研究的都是适定问题。研究人员为了寻得某一特定问题的答案，可能要花费数十年甚至穷其一生，而科学总在新的实验数据和新的想法中不断进行自我修正，但我想说的是，无论在何时，每一位科学家致力研究的或者尝试解决的，都是一个适定问题，一个有着明确答案的问题。作为科学家，在我们初出茅庐时就被教导着，不要在没有清楚明确答案的问题上浪费时间。

但艺术家和人文主义者往往不关心什么答案，因为并非所有有趣且重要的问题都有明确的答案。小说中的思想，交响乐中的情感，都因人性中的矛盾而变得复杂。这就可以解释为何我们永远无法理解，小说《罪与罚》(*Crime and Punishment*)中善解人意的拉斯柯尔尼科夫缘何会残忍地杀害当铺的老掌柜，柏拉图所说的理想政府能否在人类社会中实现，以及如果能活到一千岁，我们是否会更幸福。对许多艺术家和人文主义者来说，问题本身比答案更加重要。正如德语诗人莱内·马利亚·里尔克(Rainer Maria Rilke)在百年前所写:"我们应去热爱那些问题本身，就如同热爱一间锁闭的房间，或是用别种语言写成的书籍。"[①]此外，还有一些问题已经有了明确的答案，而我们却无法作答。"上帝是否存在"可能就是这样一个问题。

作为人类，我们需要有答案的问题，但没有答案的问题难道就不需要了吗?

我想象自己身处麻省理工学院的研讨室，走廊中传来学生的细细低语，镶嵌着木板的墙壁上，爱因斯坦、沃森

① 出自里尔克《给青年诗人的信》。

（Watson）[1]和克里克（Crick）[2]的照片正无声地凝视着我们，而我们相谈正欢：

> “你所说的大部分内容我都同意，”杰里说，“但我们得将客观现实和我们头脑中的东西区分开来。像基督复活这件事，它要么发生了，要么没有发生。”“但你怎么知道什么才是客观现实呢？”黛布拉说。“你说这话时像贝克莱（Berkeley）主教[3]。”丽贝卡说。

纵观历史，哲学家、神学家和科学家提出过各种支持

---

① 詹姆斯·杜威·沃森（James Dewey Watson, 1928— ），美国生物学家，因发现脱氧核糖核酸（DNA）的分子结构，与弗朗西斯·克里克（Francis Crick）和莫里斯·威尔金斯（Maurice Wilkins）共同获得1962年诺贝尔生理学或医学奖，著有《基因的分子生物学》《双螺旋》等。

② 弗朗西斯·克里克（1916—2004），英国生物物理学家和遗传学家，因参与制成脱氧核糖核酸的分子结构模型，为分子遗传学奠定了基础。

③ 乔治·贝克莱（George Berkeley, 1685—1753），18世纪最著名的哲学家，开创了主观唯心主义。贝克莱担任教会主教18年，一直致力于经验主义哲学的详细分化和主观唯心主义的理论创建，代表作有《人类知识原理》《海拉斯和斐洛诺斯的对话三篇》等。

或反对宗教信仰的论点。近年来，特别是随着宇宙学、生物学和进化论的发展，一批杰出的科学家利用科学来反驳那些上帝存在论——史蒂文·温伯格、萨姆·哈里斯（Sam Harris）和劳伦斯·克劳斯（Lawrence Krauss）就是其中几位。在这些思想家和批评家中，最敢于直言的当属英国进化生物学家、作家理查德·道金斯（Richard Dawkins）。

在他广为流传的《上帝的错觉》（*The God Delusion*）一书中，道金斯运用现代生物学、天文学、进化论以及统计学等，来反驳支持上帝存在的两个常见论据：一是只有一个智慧且强大的存在才能设计出我们发现的宇宙（“智慧设计论”的论点）；二是只有上帝的行为和意志才能解释我们人类的道德感，尤其是我们帮助需要帮助的人的欲望。简而言之，道金斯通过证据表明，宇宙中的各种奇妙现象，包括供我们舒适生存的地球环境，完全可以由自然定律和随机进程产生，无需一个超自然的智慧“设计者”来提供。他进一步展示，我们的道德感和利他行为是在自然选择的过程中顺理成章地刻进我们基因的，而不是来自上帝的恩赐。

以我们环境宜人的地球为例，地球上包括人类在内的所有生命形式都很幸运，因为这里有液态水，正如我们所知，许多生物学家都相信液态水是生命的必需品。而液态水的产生，需要我们的星球与太阳保持一个适宜的距离。不能太近，否则地球温度会超过水的沸点；也不能太远，否则地球温度会低于水的冰点。智慧设计论的支持者便以此为据，认为这种有利条件就是“设计者”存在的证据，因为它想要地球上出现生命。道金斯和其他科学家则提出了另一种解释。几乎可以肯定的是，银河系中有着数以万亿计的恒星系统，每个恒星系统都有着距离中心恒星或远或近的行星。在大多数的恒星系统中，不存在与恒星距离适中、能够出现液态水的行星，但是在某些恒星系统中，存在着这样的行星。我们就居住在这样一个行星之上，否则，也不会在此思考这一问题。道金斯十分聪明，他并没有直接否定上帝的存在，但是在他的书中，有一章的标题是《为什么几乎不存在上帝》(“Why There Almost Certainly Is No God”)。

作为一名科学家，我完全信服道金斯为反驳这两个上帝存在的论据——智慧设计论和道德说——所做的努力。

但是，证伪了论据，并不意味着证伪了论据所支持的论点，这一点，我以为道金斯会在书中承认。科学永远无法知道是什么创造了我们的宇宙。即使明天我们观察到——如某些宇宙学理论中假设的那样——我们的宇宙孕育出了另一个宇宙，但我们还是没能弄清创造我们这一宇宙的到底是什么。只要上帝不以违反物理定律的方式干预现行的宇宙，科学就无法知道上帝是否存在。那么是否相信有这样一个“存在”，就是信仰问题了。

理查德·道金斯也好，其他人也罢，如果愿意的话，尽可以花费气力来争辩上帝并不存在。但我想，已经信教的人几乎不会受他们的影响。他们无法说服自然神论的拥趸，因为对于这类人来说，科学论证是无用的；也无法说服如柯林斯博士、哈钦森教授和金格里奇教授这样的信徒，因为他们相信上帝不受物质和能量的限制，当然也就不能用科学对其进行分析。道金斯的成就在于，他推动了就这一话题的更多讨论，并加强了无神论的呼声，对此我向他表示敬意。

让我感到不安的是，道金斯的声明全盘否定了宗教和宗教情感。1992年4月15日，在爱丁堡国际科技节上，道金斯发表演讲称："信仰是名副其实的逃避，是逃避思考，逃避鉴证的借口。不顾缺乏证据，甚或正因为没有证据，信念才成为了信仰。"[8]就在2001年9月11日①之后的一个月，道金斯在接受英国《卫报》（*The Guardian*）采访时表示："许多人只当宗教是无害的无稽之谈，我们觉得，信仰或许毫无根据，但如果人们只是需要借它来支撑精神、寻求慰藉，又有何害处呢？ 9月11日那天发生的事，彻底打破了这种想法。"[9]在他这些傲慢的评论中，道金斯似乎给信仰宗教的人贴上了"不思考者"（nonthinkers）的标签。

在我看来，道金斯对信仰的看法，以及对人的看法，都不免狭隘。如果有任何信仰与科学发现相冲突，我都愿意第一个挺身而出对其进行讨伐。但是，正如我之前所说，在我们所相信的事物中，有一些是无法以科学方法来解释，也不会因科学而衰弱的。更何况，信仰以及往往与之相伴的对超然存在的热情，是人类无数美妙创造的动力。想想

① 美国"9·11"恐怖袭击事件发生之日。

《吉檀迦利》(*Gitanjali*)的诗句、《弥赛亚》(*Messiah*)、阿尔罕布拉宫，还有西斯廷教堂的天顶画。用道金斯的话来说，我们也该指责泰戈尔(Tagore)、亨德尔(Handel)、优素福苏丹[①](Sultan Yusuf)和米开朗琪罗(Michelangelo)不愿思考、信仰无稽之谈？再看公共事业领域，亚伯拉罕·林肯(Abraham Lincoln)、圣雄甘地(Mahatma Gandhi)和纳尔逊·曼德拉(Nelson Mandela)都有自己的宗教信仰，都信仰着无法证明的事物，我们是否也该给他们贴上“不思考者”的标签？即使我们不认同他们的信仰，难道就能否认他们作为伟大的思想家和行动者的价值吗？

从最广泛的意义上讲，信仰远不仅是无视科学证据、相信神的存在而已。信仰是，在某些时刻，我们愿意将自身交托给我们并不完全理解的事物，我们相信它胜过相信自己。信仰是，在某些时刻甘于寂静，在另一些时刻纵享激情与热烈，那是艺术的冲动，是想象力的放飞，是对这

---

① 优素福·艾哈麦尔(Yusuf al Ahmar)，奈斯尔王朝(Nasrid Dynasty)的奠基人穆罕默德·伊本·奈斯尔的父亲。Sultan，即苏丹，是部分伊斯兰国家最高统治者的称号。

个奇异而又璀璨的世界的充分体验。

道金斯认为，宗教一直是人类文明中一种破坏性的力量，此类评论散见于其著作之中。诚然，人类以宗教的名义互相残杀，造成了无数的苦难和死亡。但科学又何尝不是呢？尤其是在20世纪，物理学家、生物学家和化学家们造出了许多杀伤性武器，同样给人类带来了深重苦难。无论是科学还是宗教，都可以用来为善或者作恶，关键是看人类如何去利用它们。有时，人类受宗教情感的驱使，会去建学校和医院，去写诗作曲、清扫庙宇；正如人类利用科学治愈疾病，改善农业，提高物质水平以及通信速度。

在我位于缅因州的消夏寓所附近，多年来住着一窝鱼鹰家族。每个季节，我都会仔细观察它们的习性。每到4月中旬，在南美洲过冬的鱼鹰父母会到这里来产卵。到了6月初，蛋就孵化了。随着鱼鹰爸爸不断把鱼带回窝来喂养，雏鸟们慢慢成长。到了8月初至8月中旬，小家伙们已经长大，能够展翅飞翔了。我和我的妻子用笔记本和相机记录下它们的所有行为。我们记下每年的雏鸟数量——通常是一两只，有时会有三只。我们记录雏鸟们何时第一次扑棱翅膀——通常是在飞离巢穴前的几个星期；记下鱼鹰父母在危险、饥饿和食物到来时发出的不同鸣叫。几年记录下来，我们觉得我们已经了解这些鱼鹰了。我们能预测出这些鸟在不同情况下会发出什么声音，它们的飞行方式，它们在风暴即临时的行为。在冬天的夜晚，阅读着我们的“鱼鹰日记”，我们感到自豪和满足。我们仔细研究并记录了宇宙的一小部分。

后来，8月的一个下午，我站在我家的圆形露台上观察鸟巢时，看见两只小鱼鹰初次展翅飞翔。整个夏天，我都在看着它们，它们也看着站在露台上的我。在它们眼里，我一定像它们一样，也待在自己的巢穴里。在这个不同寻常的下午，它们初次升空，绕着我的房子飞了一圈，尔后以极快的速度直冲我而来。我下意识地想找个地方躲一下，因为它们那强有力的爪子可能会抓伤我。但冥冥之中有种力量将我定在原地。在距我不足20英尺时，它们突然转变方向，向上飞远了。但在那华丽而又骇人的急转直上之前，我们有半秒左右的一瞬间的眼神接触。言语无法传达我们在这一瞬间交流的内容。那一瞥中，包含了彼此联结，包含了互相尊重，包含了对我们共享同一片天地的认同。它们离开之后，我惊觉自己浑身战栗，眼含热泪。直到今天，我也没能弄清那一瞬间究竟发生了什么，但那是我生命中最意义深远的时刻之一。

II

2012年4月，正值木兰花盛开的时节，我的出生地田纳西州通过了一项新法律，旨在保护那些允许学生质疑进化论、气候变化等科学理论的教师。当然，对任何知识体系的质疑和检验都应是合理的。但一些深思熟虑的批评家不免担心，新法律将默许学校将神创论置于与进化论同等的地位，因此存在引起宗教与科学再次混淆的风险。以上这些讨论，引发出一个由来已久的话题，即科学与宗教之间的界限。那么这个界限究竟是什么呢？科学和宗教中有哪些不同种类的知识？我们又该如何获得这些知识？

这些问题不是那么容易回答的，我一生的大部分时间都在冥思苦想其中的答案。多年来，我作为一名物理学家，生活在科学的世界中，深受科学方法与科学逻辑的影响。

与此同时，我也是一名小说家，也生活在艺术和人文的世界中，我深知，我们关于这个世界的信仰和感受是无法用理性来分析的。

概而言之，科学知识可分为两种：一是物质的属性，二是支配这些物质的规律。我们称后者为自然定律。举例来说，我们知道高尔夫球的体积和质量，知道夜莺如何鸣叫，知道阳光的颜色。在现代科学中，我们可以使用天平和标尺以及其他仪器设备进行测量，进而得出这些事实。几个世纪前，人类用自身的视觉、听觉和触觉来探索世界，但各人的感觉千差万别，难以实现标准化。人们会说，阳光在肉眼看来是淡黄色的，还带些红色在里头。但想要测定阳光的颜色，更准确也更可靠的方式是使光透过棱镜，然后用电子设备测量红光量、黄光量、绿光量等。科学总是尽可能以可重复的方法，来确定物质的性质，且总是得到相同的结果。

自然定律则更为抽象，它是解释物质和能量如何运行的数学规则。在本文的第一部分，我将能量守恒作为科学规律的例证，此处另举一例——万有引力定律。万有引力定律是17世纪由艾萨克·牛顿发现的，它根据物体的质量和彼此间的距离来量化它们之间的力。有了万有引力定律，我们就可以测算出，高尔夫球从10英尺高处或任何其他高度落到地面需要多长时间，其结果可以精确到小数点后的许多位。我们还能估测这颗高尔夫球在月亮或者火星上坠落时，需要多长时间才会砸到地面。如前所述，科学的核心要义指出，自然定律在宇宙中的任何地方都是相同的。

科学史就是一部逐渐发现并修正自然定律的历史。自然定律的发现通常源于猜想，其灵感来自我们对简洁和美的理解，或者是对原有定律的类比推理。但无论如何，猜想终归都需要实验来检验。有一些听起来很动人的猜想，如行星的运行轨道是正圆形的，在精确观察和谨慎验证之下，被证明是错误的。我们在不断地开发新的测量仪器，提高实验精度，推翻原有的科学观念。随之而来的，是我们在不断地更新和修正我们认识中的自然定律。万有引力定律是由牛顿提出的，在大多数应用场景下，这一定律是十分准确的。但前文已经提到过，它被爱因斯坦在一个世纪以前发现的更加精确的定律所取代了。不过，爱因斯坦所提出的引力定律，并没能统合量子物理领域，因此，在未来的某个时刻，它无疑也会被新的定律所取代。2014年，我们当然还没有掌握所有的自然定律，不过有一点可以肯定，我们目前对这些定律的表述，大部分都会在未来得到修正。尽管如此，绝大部分科学家仍然相信，一套完整的、终极的、支配所有物理现象的定律是存在的，并且我们正在追寻它的道路上不断前行。这种信念，也是科学的核心要义的一部分。

现在该谈谈宗教了。《宗教经验之种种》（*Varieties of Religious Experience*, 1902）是具有里程碑式意义的宗教研究著作，在该书中，来自哈佛大学的伟大哲学家威廉·詹姆士（William James）是这样描述宗教的："假如有人请我们用尽可能最宽泛、最普通的名词描述宗教的特性，那么，我们也许可以说，宗教就是一种信仰，相信'有个无形不可见的组织，并且我们的至善就在于将我们自己调整到与这个组织相和谐'。"[①]正如我稍后要讨论的那样，在詹姆士的陈述中，"信仰"最核心的作用是，使宗教从根本上成为一

① 引自威廉·詹姆士《宗教经验之种种》，北京：商务印书馆，2011年6月，唐钺译。

种个人的、主观的体验，鲜有例外，这将宗教和科学区分开来。

私以为，宗教知识也可分为两类：一是超然体验（transcendent experience）；二是正统宗教典籍上所记载的内容，如犹太教的《旧约》（the Old Testament），基督教的《新约》（the New Testament），伊斯兰教的《古兰经》（the Koran）以及印度教的《奥义书》（the Upanishads）。一些宗教领袖人物认为，我们应该将宗教知识称为“信仰”（faith）或者“良知”（intuitive knowledge）或者“智慧”（wisdom）。

在詹姆士的书中，一位教士优美地描述了超然体验（与一些无形的神圣仪式相联系的直接而必不可少的个人体验）：

> 我记得那一夜里，并且几乎记得刚刚在山顶地那个地点，在那里，我的灵魂好像向着无量界（the Infinite）开起来；两个世界，内部的和外部的，相向冲流到一起，这是深空呼喊深空——我自己的奋斗在内心所开发的深空，得到外界不可

> 测的，展到恒星天之外的深的回答。我单独地与创造我的上帝以及这世界的一切美、爱、悲哀，乃至诱惑站在一块。我没有追求他，但觉我的精神与他的精神完全和谐。……从此以后，我所听到的关于上帝存在的证明的讨论，没有能够动摇我的信仰的。这样一回觉得上帝之神存在之后，我不曾长时间失掉。我对于上帝存在的最可靠的证据，是深深根据与那时节的异象，并那个至高经验的记忆象，以及由阅读和思考而得的。[①]

这段描述，展现了超然体验极其直接和个人化的本质，这也正是其如此猛烈有力的原因所在。教士对自己于山顶那一刻的感受深信不疑，那种感觉记忆深刻，它揭示了一种真理，让人认识到自身的存在，认识到个人感受与宇宙之间的联系。其他人无法否定这种个人体验。无论这名教

① 引自威廉·詹姆士《宗教经验之种种》，北京：商务印书馆，2011年6月，唐钺译。

士如何分析，用科学、神学或者查阅宗教典籍，都是徒劳的，这种体验无法分析验定。其真理和力量即在于这种主观体验本身。正如詹姆士在书中所写："建立最初一批的真理的，永远是我们出于冲动的信仰，我们用言语说出的哲学只是将它翻成炫耀的公式罢了。"[①]对"无量界"（无限）的强烈感应，对世间不可见之秩序的信仰，以及神圣事物现身于眼前的感觉，都是个人化的。这种独特体验，不像电压表上的读数，它无法被量化，也不能被测量，因此也无法传递给他人，必须由个体在某一特定时刻亲身体会。

科学中也存在类似个人体验的东西，它体现在每位科学家不同的工作方式之中，以及他们对科学工作的感受和热情之中。事实上，正因为科学家们做出了自我承诺，才会通宵达旦地在实验室工作，或奋笔疾书着方程式直至深夜凌晨。科学家们在工作时所带入的这种情感的及个人的因素，对科学事业来说可能是至关重要的，享有盛名的化

---

① 引自威廉·詹姆士《宗教经验之种种》，北京：商务印书馆，2011年6月，唐钺译，稍有改动。

学家迈克尔·波兰尼（Michael Polanyi）在《个人知识》（*Personal Knowledge*）一书中，对此做了恰当的描述。[10]然而，科学的本质是非个人、非具象的。一旦实验完成，或者方程式被推导出结果，要想获得世人认可，就必须由其他科学家在其他环境下检验其结果。至于这位科学家对这一发现抱有多大的感情，并不重要，他喜欢在上午工作还是下午工作，也无所谓。除了心理学，科学关注的都是外部的事物，是人的头脑之外的世界。诚然，确实有一部分科学实践是个人化且关乎人类感情的，但这类实践都需要额外的、完全非个人的、客观的实践来验证。这种额外的实战验证独立于人的思想之外，也是科学的本质所在。

另一种宗教知识，即宗教典籍，有时被视作宏大的隐喻，有时被视作真相，有时是启迪人心的教义，有时则是上帝的金口玉言。部分宗教典籍的内容，如“十诫”（Ten Commandments）中的内容以及《薄伽梵歌》（*Bhagavad Gita*）中黑天向阿周那的建议，是关于道德生活的指示，或是关于意义与价值的哲学。其他内容，如公元前1300年左右犹太人从埃及出走和基督复活等，则涉及历史事件。人们对于历史事件的陈述往往全盘接受，不去质疑也不去查验——换句话说，这些陈述无需证明——因此，我们可将其称为主观知识，或者信仰。但它一定不是科学知识。

科学中也存在一些没有证据的信念：例如，对我们在第一部分中讨论过的核心要义的信念。我们无法证明，宇宙各处的自然定律都相同，因为我们无法获取宇宙中每个角落的数据。即便我们能够收集到宇宙最遥远星系的数据，进而得出一套普适规律，也不可能逐个检测宇宙中所有的原子和分子。科学信仰中的另一个信条是：人类最终会揭示全部的自然定律。在弥尔顿（Milton）的《失乐园》（*Paradise Lost*）中，亚当询问天使长加百列[①]关于天体运动的问题，加百列向其解释道：观察天空，便可知是地球在转动，还是诸天在转动，但“伟大的建筑师精明地将其余部分隐藏起来，不想让人或者天使知道，不泄露他的秘密”[②]。与加百列的告诫相反，科学认为，物质世界的一切，都可

①《失乐园》中，向亚当解释天体运转问题的天使长是拉斐尔（Raphael），而非作者在此所说的加百列（Gabriel）。

② 引自弥尔顿《失乐园》，上海：上海译文出版社，2012年6月，刘捷译。

供人类探索发现。在科学看来，探索物质宇宙，不存在禁区或者边界。

回到可能是知识来源的宗教典籍中来，人们可以用历史学家所采信的证据，来检验其中的历史内容：当时的佐证材料和目击证明，日期明确的物质遗物，相关的事件背景、合理性等等。最后，如果认定典籍中的某些内容是隐喻性的，则既无需相信，也不需证明。这些叙述本身就能发人深省，使人升华，其作用，正如莎士比亚的《暴风雨》（*The Tempest*）和贝多芬的《英雄交响曲》（*Eroica*）一样。

有时，将物质宇宙与精神宇宙区分开来是有用的。物质宇宙包含了所有物质与能量，这些是科学家们的研究对象；精神宇宙则是詹姆士所说的“不可见之秩序”，是宗教的领地，大多数人一直以来所信奉的非物质性的、永恒的东西。物质宇宙受理性分析和科学方法所制约，精神宇宙则不然。每个人都有过挣脱理性约束的经验。除了宗教，还有许多艺术、价值观念以及自身与他人的关系，都源自这种经验。我要再重申一遍，精神宇宙与物质宇宙之间的界限，与个人化与非个人化之间的界限息息相关。物质宇宙中的事件发生于人的身体之外，可以用标尺或者钟表来记录，以此作为物质宇宙存在的佐证。但我们中有许多人相信，超脱于个人存在之外，有一个精神的宇宙守候在那里，其存在的证据是高度个人化的。

物质宇宙和精神宇宙都有各自的领地，也各自具有局限性。如地球的年龄问题，就完全属于科学的范畴，因为我们有可靠的方式（比如利用放射性岩石的衰变率）去测得明确的答案。而诸如“爱的本质是什么？”或“在战争中杀人是否道德？”以及“上帝是否存在？”这样的问题，则完全归属于宗教范畴，科学无法回答。我对像理查德·道金斯一样，试图用科学论证来反驳上帝存在的人感到厌烦。科学永远无法证明或者推翻上帝的存在，因为在大多数宗教中，上帝是无法用理性来分析的。同样令我感到厌烦的，还有那些不顾事实和自然定律，而对物质宇宙大放厥词的人。在物质宇宙领域中，科学不可能只是一时的统治者。物质宇宙中的自然定律始终如一，我们时刻都在自觉或不自觉地依赖着它们。例如，我们乘上飞机，飞上万米高空，然后安全地降落在目的地；或者排队接种下一季的流感疫苗。

有些人认为，精神宇宙和物质宇宙之间没有区别，内在与外在、主观与客观以及神迹与理性之间，都没有区别。但是，我需要这样的区别来划清精神生活与科学生活之间的界限。于我而言，我需要精神宇宙，也需要物质宇宙，正如我需要宗教，同时也需要科学。两个宇宙各有其力量，各有其独特之美与未解之谜。一位长老会的牧师对我说，科学和宗教都令人感到惊奇。对此，我深表赞同。

对称的宇宙

在我入职位于坎布里奇的哈佛大学天文台后的某个夜晚，我来到天文台的屋顶，用那台安装于1847年的望远镜朝外看去。那是我第一次体验大型望远镜（我是个理论家）。在目镜中，我看见土星被一圈精致的星环环绕着，飘浮在视野中，如餐盘一般大小。眼前的美景令我神迷：行星之圆，无出其右；星环于上，对称至极。没有人类的智慧和参与，大自然何以创造出如此完美之物？这圆形星球和星环，为何如此令人着迷呢？

对称在自然界并不少见。雪花有着完美的六重对称：每一条精美的分支都与其他分支相同。小冰雹是圆形的。海星的五条腕完全相同，且两两之间的夹角也完全一致。

水母可以分解成一模一样的四个部分。黄色鸢尾花有三片花瓣，组成了完美的三重对称：将花旋绕三分之一圈，它会恢复原来的样子。将苹果切成两半，你会发现，它的五颗种子组成了一个五角形。蝴蝶的两片翅膀也是对称的。诸如此类，不胜枚举。这种无处不在的对称，不可能只是偶然。

2013年7月，科学家宣称发现了寻找已久的"希格斯玻色子"（Higgs boson），这使我重新想起了宇宙的对称性。希格斯玻色子是亚原子粒子，大约50年前，物理学家就预言了它的存在。对于现代物理学理论来说，它是不可或缺的。主流的学术报告里并未提及这种粒子的作用，其最主要的功能之一，便是令物理学家们能够以它为基础构建出新的理论，来展现物质的深层对称性。

虽然希格斯粒子比原子还要小得多，但为了寻得它而使用的机器，却堪称庞然大物。因为要产生希格斯粒子，需将其他亚原子粒子，即质子，加速到接近光速然后对撞。世界上唯一一台足以完成这一任务的加速器，就是由欧洲核子研究组织（the European Organization for Nuclear

Research，以下简称CERN）建造，位于瑞士日内瓦附近的大型强子对撞机（the Large Hadron Collider）。这台对撞机建在瑞士和法国边境地下深处，距地表约545英尺，蜿蜒环绕17英里[①]。不过，希格斯粒子是个“害羞的小家伙”，需要将质子碰撞上万亿次，才能“哄”出一个希格斯粒子来。而且，它只会现身不到万亿分之一秒，瞬间便会转变成其他亚原子粒子。显然，如此转瞬即逝的粒子，是无法被直接观测到的，得通过观测由它衰变而来的其他亚原子粒子，去推算出它的踪迹。

2012年7月4日，两支各由三千名左右的物理学家组成的科学家团队分别发表声明称，经过数万亿次的质子碰撞后，他们终于在碰撞碎片中，发现了一些希格斯粒子的踪迹。乔·因坎德拉（Joe Incandela）是加州大学圣巴巴拉分校的物理教授，也是上述两支科学家团队其中一组的负责人之一，他说道:“我们对宇宙构成的探索，已经深入到一个前所未有的水平。我们正踩在新世界的边界，正在向新

---

① 1英里约为1 600米。——编者注

的探索进发。这有可能是故事的结局，但也可能就此打开一个有待发现的全新领域。”[1]

因坎德拉口中的“故事”，指的是物理学中的“标准模型”（the Standard Model）理论，它可以充分解释自然界中的大部分基本力和基本粒子。（现代物理学中的四种基本力是指引力、电磁力、将原子核中的粒子结合在一起的强核力，以及引起某种放射性衰变的弱核力。）

1964年，那时还没有人听说过“标准模型”，来自爱丁堡大学的彼得·希格斯（Peter Higgs）以及其他物理学家认为，理论上存在一种从未被发现过的能量，它能赋予一些亚原子粒子以质量，而任由其他粒子（如光子）不带有质量。（为何有的粒子带有质量，而有的粒子不带有质量，这个问题困扰着当时的物理学家。）后来以希格斯之名命名的粒子，便是这种能量的“杰作”。1967年，美国物理学家史蒂文·温伯格和巴基斯坦物理学家阿卜杜斯·萨拉姆（Abdus Salam）分别提出了“标准模型”的理论雏形。这一理论，将弱核力和电磁力整合于同一框架内，并称之为“电弱力”（electroweak force）。

温伯格与萨拉姆在整合这两种自然力的过程中，一直虔诚地将对称性置于宗教般神圣的指导地位。对称性的这种地位来源于希格斯粒子。因为从根本上说，对称性是指，即使对某个系统进行一些改动，它看起来仍是原来的样子，例如将海星的两条腕互换位置，或者将一片雪花中心旋转60度。电弱理论的核心是基于这样一个假设：从粒子层面看，自然是对称的，传递弱核力的粒子被称为W玻色子和Z玻色子（Ws和Zs），传递电磁力的粒子被称为光子（photon）。也就是说，将其中的一些粒子互换位置，基本力仍会照常发挥作用。因为在“电弱统一理论”中，部分粒子完全是相同的。

现在摆在温伯格和萨拉姆面前的还有一个问题，那就是我们已知光子、W玻色子及Z玻色子并不像雪花的分支那样相同，尤其在质量方面，差异更为显著，据此，我们可以很轻松地将它们区分开来。但如果将希格斯机制引入这一理论中，那么粒子间的质量差别，便可解释为：粒子之间的质量差异，并不是粒子本身导致的，而是因为，在希格斯场中，不同的粒子与希格斯粒子会产生不同的摩擦，从而导致了质量差异。因此，自然的对称本质仍然成立，这一点也正是温伯格与萨拉姆的理论基石。而且，该理论所提出的一些预测，已经被实验所证实。他们的理论正确地预测了W玻色子和Z玻色子的特性，以及二者之间新型的相互作用的方式。1979年，这两位科学家，再加上谢尔登·格拉肖（Sheldon Glashow），三人因对这一理论的研究而获得诺贝尔奖。至此，唯一的问题就是，这座理论大厦的基座，设想中的希格斯粒子，是否真实存在。终于，在2013年初，几乎所有的物理学家都确信，在CERN进行的实验中，发现了希格斯粒子的踪迹。倘若这神秘的粒子还迟迟不肯现身的话，那么不仅标准模型理论会遭到质疑，就连物理学家们对物质的深层对称性的信念也将动摇，因为后者是创建前者的基础。

一些物理学家相信，自然的对称性还不止于我们发现的这些，当能量足够高时，所有四种基本力都会趋于一致，强度也相同。在科学史上，温伯格算得上是最忠实的对称性信徒。在他眼中，对称性原理比物质、能量和力都更为根本。在《终极理论之梦》一书中，他写道：

> 20世纪以来，对称性原理提高到了新的更重要的水平。……我们有了那样的对称性原理，它们正好决定了所有已知自然力的存在。……我们相信，如果我们问世界为什么那样，然后问答案为什么那样，在解释链条的末端，我们一定会发现几个有着诱人美丽的简单原理。[①]

不难理解，如温伯格一般的科学家们，为何会着迷于对称性。首先，对称性有着数学之美。举个简单的例子，就拿半径为R的圆的方程来说：$x^2+y^2=R^2$。（就算你已经完全忘记高中数学了也没关系，你就把这个方程看作一幅图画。）圆旋转任何角度都是不变的，这个方程也体现了旋转对称的特性。假设将x轴和y轴稍作旋转，就如同旋转地图中罗盘的南北指针一样，形成新的w轴和z轴，那么在新的坐标系中，同一个圆的方程就变成了$w^2+z^2=R^2$，这与原来的

① 引自史蒂文·温伯格《终极理论之梦》，湖南：湖南科学技术出版社，2007年3月，李泳译。

形式完全一致。还有什么比这更动人呢？温伯格和萨拉姆所提出的电弱理论方程组，也体现出类似的对称性，只不过相比之下更为复杂一些。所有以数学为主要工具的理论科学家，都欣赏这种数学之美。

科学家，特别是物理学家，往往会被对称性所吸引，在20世纪尤为如此，这背后有着一个非常实际的原因：包含对称的理论往往是符合自然规律的。也就是说，包含对称的理论，预测往往能和实验结果相符合。爱因斯坦有关时间的理论“相对论”，以及强核力理论“量子色动力学”（quantum chromodynamics）就是其中两个例子，二者都体现出很强的对称性，并且都已经被实验证实了。对称性还能够化繁为简。相较于不存在对称的系统，一个规定了左右对称的系统，所需的参数只是前者的一半。在对称系统中，只需弄清楚其中的一半，另一半也就自然清楚了。理论科学家，无论是物理学家、化学家还是生物学家，在各自领域的理论中，都偏爱简洁，都喜欢整体性尽可能高、涉及的参数和原理尽可能少的理论。因为一个系统所涉及的参数和原理越少，它就越好理解。

1美元纸币很普通，但它也能体现出令人惊叹的对称性。所有的1美元纸币都是等值的，它们有着相同的购买力，每一张都可与任意的另一张交换。因此，贸易体系才得以维持稳定。这种货币对称性的诸多好处之一，便是各式各样的货物可以先用等值的美元来衡量其价值，然后再进行比较。公元前3000年左右，货币体系取代了以物易物的交易体系，极大地便利了商品的交换，这也说明人类抓住了买卖关系中最关键的地方。这种对称性，是人为赋予的。

令人费解的是，为什么自然界会处处体现对称性呢？我们无法回答这个问题，但也可窥得其中部分缘由。对称性带来简洁，而自然同人类一样，似乎也对简洁更为钟爱。倘若我们将自然视作一场仍在进行中的浩大实验，它正不断地尝试各种可能的机巧构思，那么耗费能量最少，或者在某个恰当时刻有着最简单的组合的那种设计，会脱颖而出，正如物竞天择的道理一样，随着时间的推移，生存本领最强的生物将会成为主宰。不过，据我们所知，电弱理论、相对论和量子色动力学等理论中所包含的对称性，并不是自然在实验过程中，不断尝试不同的设计，进而演进得来的结果。相反，它们在宇宙起源之初就已存在，是依据某种未知的原理，经过某种未知的过程得来的，也正是这种未知的原理和过程，确定了基本的物理定律。（见《偶然的宇宙》一章）正如我将在下文中讨论的那样，自然中的一些对称性，源自数学定理和数学真理。不以数学和逻辑为秩序的宇宙，是难以想象的。

有一物理原理始终主导着自然的演变——“能量原理”（energy principle），即自然总是以最小化能量（为目的）进行演变。如果你把一些弹珠放在一张平坦的桌子上，一段时间过后，你会发现它们大部分都掉落在地板上了。这是因为，弹珠在地板上比在桌子上距地球的中心更近，因此其重力势能也更低。雪花之所以呈六重对称结构，是由水分子中的两个氢原子和一个氧原子结合时的夹角决定的，这一夹角，可以令水分子的总电能保持最小。大型天体，如土星，总是圆球状的，因为这一形状能使其总体引力能量保持最低。数学定理表明，球体是一种特殊的几何体，在体积相同的情况下，所有几何体中球体的表面积最小。自然界中的许多物体，如冰雹、肥皂泡等，其电能大小与表面积成正比。这样，它们就能利用球形来使自身能量降到最低。

蜂巢就是一个绝妙的例子。蜂巢中的每一个巢室，都是近乎完美的六边形，有着6条相同的边和6个相同的角。惊讶吗？蜂巢的巢室不是应该形态各异，且杂乱无章地堆砌在一起才更合理吗？通过数学真理可知，能在同一平面上不留间隙地拼接在一起的等边几何图形只有三种：等边三角形、正方形和正六边形。巢室间留下任何空隙都是浪费空间，都违反了简洁原则。你也许会问：每一个巢室的每条边都相同，为何必须如此呢？就算每个巢室的形状不一，大小不等，只要各个巢室彼此贴合，一个接着一个相互适配，也能做到不留空隙啊。可是，这种建造方式需要工蜂排好班次，一次一个，在第一只工蜂筑好第一间巢室之后，下一只工蜂才能开始建下一个，如此反复。这样对蜜蜂来说太浪费时间了，每只蜜蜂都得排队等前面的蜜蜂把活干完。如果你观察过蜜蜂筑巢（或者在网上看过相关视频），你就会发现，它们从不排队等候，而是同时开工。因此，蜜蜂们就必须事先做好建造规划，确保完工后，所有的巢室都能顺理成章且严丝合缝地组合在一起。只有等边三角形、正方形和正六边形能做到这一点。

那为什么偏偏是正六边形呢？这就引出了另一个有趣的故事。两千多年前，即公元前36年，罗马学者马库斯·特伦提乌斯·瓦罗（Marcus Terentius Varro）提出猜想：六边形能够将一个平面拆分成大小相同的小单元，且总周长最短。而最短的总周长，则意味着蜜蜂筑巢时所需的蜂蜡最少。每1盎司的蜂蜡，须耗费大约8盎司的蜂蜜，这可是项大工程，蜜蜂们得拍打无数次翅膀，从数以千计的花朵那里采集而来。六边形巢室，能最大限度降低蜜蜂们的负担，减少能量消耗。不过，瓦罗只是提出了这一猜想，并没有给出证明。而令人惊讶的是，这一被数学家们称为“蜂巢猜想”（Honeycomb Conjecture）的数学难题，直到不久前，即1999年，才由美国数学家托马斯·黑尔斯（Thomas Hales）证实。而蜜蜂们对此一直了然于胸。

蜜蜂的本事还不止这些。蜜蜂与花朵的对称性也有关系。花朵为蜜蜂提供食物以及蜂蜡的原料，蜜蜂则为花朵授粉。2004年，来自德国柏林的柏林自由大学以及法国图卢兹的保罗·萨巴蒂尔大学的研究人员发表了一项实验，证明了对称性的花朵更能吸引蜜蜂。[2]为什么呢？研究人员认为，花朵的对称性更容易刺激蜜蜂大脑中的视觉神经，换言之，就是对蜜蜂神经器官的要求更低。简洁原则又一次发挥着作用。

那我们为什么会被对称性所吸引呢？当看到呈完美球状的行星、六边形的雪花时，为什么我们会感到愉悦？其中肯定有心理因素。我想说的是，对称代表着秩序，而生活在这个不为我们熟知的宇宙中，我们向往秩序。寻找对称，在寻得后心生愉悦，二者必定会帮助我们理解周围的世界，就如同我们在交替的季节和可靠的友情中获得满足。对称性是简洁，对称性是简约，对称性是优雅。

有一种神秘的品质，我们称其为“美”，无论我们如何定义它，总会将其与对称性联系到一起。达尔文和弗洛伊德都认为，我们的审美感和对美的向往，都源自性繁衍的需要，正如达尔文在《人类的由来及性选择》（*The Descent of Man, and Selection in Relation to Sex*）一书中所写：

审美感曾被宣称为人类所专有。……如果我们看到一只雄鸟在雌鸟面前尽心竭力地炫耀它的

> 漂亮羽衣或华丽的颜色，同时没有这种装饰的其他鸟类却不进行这样的炫耀，那就不可能怀疑雌鸟对其雄性配偶的美是赞赏的。因为到处的妇女都用鸟类的羽毛来打扮自己，所以这等装饰品的美是毋庸置疑的。[①]

显然，在人类创造的各种艺术和建筑中，对称性随处可见。泰姬陵（Taj Mahal）正中间是一个圆顶和一道拱门，两侧各有一个相同的小圆顶，另外还有四个尖塔对称而立。建筑的前方是一个长方形的水池，水池两边整齐地排列着柏树，每棵树之间的距离都相同，水池再往外，便可看见一个对称的花园。位于纽约罗斯福岛上的八角大楼（Octagon）“形如其名”，它出自设计师亚历山大·杰克逊·戴维斯（Alexander Jackson Davis）之手。达·芬奇的名画《维特鲁威人》（*Vitruvian Man*），画上的男子伸展出两

① 引自达尔文《人类的由来及性选择》，北京：北京大学出版社，2009年9月，杨习之等译。

组等长的四肢，一组外接一个圆，另一组外接一个正方形。科隆大教堂的马赛克地板画，上面是层叠的圆形以及对称的花纹图案，令人惊叹不已。有一幅流传甚广的印度教女神拉克什米（Lakshmi）[①]的画像，画中的她坐在一朵圆形的花中央，两只手臂向上举起，两手各拿一朵相同的鲜花，另外还有两只手臂垂在下面，向外洒出花瓣，女神的两侧各有一只一模一样的大象，它们举着相同的水壶，正在倒水。不过，仔细看的话，这幅画不是完美对称的。拉克什米女神的左肩上披着一条红色的披肩，右肩则没有。

其实，在人类创造的艺术作品，尤其是绘画作品中，些许的不对称似乎更为可取，更能满足审美需要。恩斯特·贡布里希（Ernst Gombrich）是20世纪（西方）最重要的艺术史学家之一，他认为，虽然人类在心理上无比向往秩序，但在艺术中，完美的秩序是无趣的。他写道："不管我们如何去分析规则结构和不规则结构之间的差异，最终

① 拉克什米女神，印度教中最重要的三位女神之一，象征财富、美丽和繁荣。

我们必须能够说明审美经验方面的一个最基本的事实，即审美快感来自对某种介于乏味和杂乱之间的图案的观赏，单调的图案难以吸引人们的注意力，过于复杂的图案则会使我们的知觉系统负荷过重而停止对它的观赏。”[①]我的妻子就是一名画家，她深受兴起于20世纪初的波士顿画派风格的影响，她总在强调，一幅布局优秀的画作，应该呈现一些非中心的、不对称的点缀。当然，不对称性只能相对于对称性来定义，反之亦然。绘画或者建筑中的非对称性元素，只有在对称的大背景下才格外引人注目。自然偶尔会打破对称，给世界留下毫无规则的海岸线和千姿百态的云彩，也许，这是自然正在作画呢。

还有一点不容忽视，在艺术中把对称性与美联系起来，在一定程度上是文化使然。在一些非西方文化中，非对称性可以像对称性一样令人喜爱。比如，中国的长城就没有体现出明显的对称性。相反，它是因地而建的。长城顺应

---

① 引自恩斯特·贡布里希《秩序感：装饰艺术的心理学研究》(*The Sense of Order: A Study in the Psychology of Decorative Art*)，湖南：湖南科学技术出版社，1999年9月，范景中等译。

地势的变化而绵延起伏，其塔楼的间距也并不固定。它与周围的环境融为一体。中国式的审美，在某些方面比西方的审美更微妙、更含蓄、更不可言说。例如，他们认为，生者的世界与死者的世界保持着对称的平衡。不过即便如此，我们仍能在中国的艺术传统中，发现一些明显的对称性，如中国古诗中的对句，讲究动词与动词对齐，名词与名词对齐，韵脚与韵脚对齐。

我正看着一张拍摄于1949年的旧照片。我当时还是个婴儿，我母亲抱着我坐在她腿上，在她正后方站着的是她的母亲，左右两侧则分别是她的祖母和外祖母，也即我的两个曾祖母——五人对称地排列。我仔细端详着照片上的一张张面孔，找寻着对称或者不对称的地方。当然，人的脑袋是对称的，这点我们再熟悉不过了。我看到的可不是这些。我的一位曾祖母，名叫奥玛，她左边的嘴角微微下垂，打破了面部的对称性。我想，这大概是她结婚没几年就失去了丈夫的缘故，是悲伤所致。再贴近点儿，我能看到她右边脸颊上有一处斑点，也许是老年斑，也显得不那么对称。但是这种细微的不对称，只有在对称的脸上才会显露出来。

人类为何在泰姬陵的周围筑起对称的塔楼？两位曾祖母为何分立在母亲的两侧？这些问题，比蜜蜂所造的巢室为何呈完美的六边形更难回答。后者是出于简约与数学的缘由，而前者是心理学和美学的结果。自然界中普遍存在的对称何以对人类思想有如此启发，以致人们在建筑中竞相模仿？也许，我们在如此追问时，正错误地将人类思想脱离于自然之外。也许人与自然本就同为一物。毕竟，构成我们大脑的原子和分子，与自然界中的其他物质的原子和分子并无二致。我们大脑中的神经元，也和行星与雪花一样，遵循着相同的自然定律。最重要的是，我们的大脑是于自然中发展而来的，是于数亿年来对阳光和声音的感官反应以及与周遭世界的触觉联系中发展而来的。人类大脑的结构，与花朵、水母和希格斯粒子一样，是在经历同样的反复试错，遵循同样的能量原理，运用同样的纯粹数学之后，才有了如今的样子。如此看来，我们人类的审美必然就是自然的审美，若再有人追问人类为何以自然之美为美，便显得荒唐了。美、对称以及能量最低原则等，并非由我们赋予宇宙的品质，然后惊叹于它的完美。宇宙本就如此，就像原子的特定排列构成了我们的大脑一样。我们并非超脱于宇宙之外去观察它，我们也是宇宙的一部分。

浩瀚的宇宙

多年前，在爱琴海上，我无比真切地体会到了自然的广阔。那时，我和妻子租下一艘帆船，打算前往希腊群岛度假两周。从比雷埃夫斯（Piraeus）出发后，我们沿着海岸线一路向南，航行了大约三四英里。在夏日浓郁的空气中，远处的海岸看起来像一根朦胧的米色丝带，虽不是那么精确，但也可算作一条令人安心的航行参考线。用双筒望远镜朝岸上看去，只有远处房子的反光以及断续的建筑体依稀可辨。

然后，我们行驶到了苏尼翁角（Cape Sounion）的顶端处，接着便向西转向，朝伊兹拉岛（Hydra）驶去。几个小时后，陆地已不可见，其他船只也没了踪影。环顾四周，目之所及皆是海水，向四面八方延伸，直到与天空融为一体。这时，我发觉自己如此渺小，与周围如此格格不入，像是件奇怪的小小装饰品，被错误地摆在这宏伟的海天之间。

无论是博物学家、生物学家，还是哲学家、画家和诗人，都在费尽心思地形容我们这世间的万物。有些东西是带刺的，有些东西则是光滑的；有些东西是圆形的，有些东西是锯齿状的；有些东西是发光的，有些东西是暗淡的；有些东西是淡紫色的；有些东西的节奏如滴雨。所有这些形容，都不如尺寸的比较来得直观和确切，比如大与小。我们常会有意或无意间以他人、动物、树木、海洋和山脉的尺寸来衡量自己的身体尺寸。即使我们博学聪慧，但身体的高矮胖瘦、体格和块头才是我们向世界展示的第一张名片。我姑妄猜测一下，在探索宇宙的过程中，我们肯定会在心中列好清单，上面列举着一些已知物体的大小和比例，小到原子、微生物、人类，大到海洋、行星以至恒星。而这张清单上，最令人印象深刻的，要数那些大体积的物体。简单来说，这是因为人类在宇宙中探索的范围越来越大。在探索宇宙的过程中，每当距离或者规模攀上一个新的台阶，我们就不得不重新调整我们对所生活的世界的认知。

要说人类迄今进行过的最遥远的太空探索，这份殊荣应当归属于一位名叫加思·伊林沃思（Garth Illingworth）的人，他在加州大学圣克鲁兹分校（University of California at Santa Cruz）一间10平方米出头的办公室里工作。伊林沃思教授所研究的星系十分遥远，它们所发出的光，需要超过130亿年才能到达地球。在他的办公室里，连转个身都困难。小小的空间里塞了几张桌子和几把椅子，还有书架、电脑、散落的纸张和几本《自然》杂志，另外还有一台小冰箱和一台微波炉，那是为了让他在工作到凌晨时，不至于饥肠辘辘。

和如今大多数天文学家一样，伊林沃思并不是直接拿望远镜观察。他是通过远程控制来获取图像——这里说的“远”，是真的很遥远。他所用的，是哈勃太空望远镜（Hubble Space Telescope），它每97分钟绕地球一圈，位于地球大气层之上，避免了大气对成像的影响。哈勃太空望远镜拍下星系的数码照片，然后通过无线电传送给其他在轨卫星，再由这些卫星将图像传回至地面天线网络，接着，再将这些图像信号传输到位于马里兰州格林贝尔特的戈达德航天中心（Goddard Space Flight Center）。在这里，图像数据会被上传到一个特殊的网站，伊林沃思可以在办公室的电脑上访问它。

到2021年为止，伊林沃思观察到的最遥远的星系名为UDFj-39546284，记录于2011年年初。这个星系距离地球约有100 000 000 000 000 000 000英里，不是十分准确，但也出入不大。在宇宙深邃而又斑驳的夜色中，它看起来像是一颗透着红色微光的小球。之所以呈红色，是因为它所发出的光在太空中孤独地穿越了数十亿年，其波长也与时俱增。实际上，这个星系是蓝色的，是年轻又炽热的恒星的颜色。它比我们的银河系小20倍左右。UDFj-39546284是宇宙中最早形成的星系之一。

“那个小红点实在是太遥远了。”伊林沃思教授对我说。65岁的他和蔼可亲，面色红润，有一头浓密的棕红色头发，戴着金丝眼镜，笑容可掬。“我有时不禁会想，如果我能到它近前去四处看看，会是什么感觉？”[1]

衡量人类文明进步的标准之一，是我们的地图覆盖范围越来越广。在伊拉克基尔库克市，人们发现了一块来自公元前25世纪的泥板[2]，上面描画着一片位于两山之间的河谷，还标出了一块面积为354伊库①（约30英亩）的地方。那些有记载以来最早的宇宙学说——如公元前1500年左右巴比伦的《埃努玛·埃利什》（*Enuma Elish*）②——认为海洋，大陆、天空都是有边界的，但是没有相关的科学评估。古希腊人，包括荷马在内，认为世界是一个圆盘，海洋包围着陆地，而希腊就在圆盘中央，但他们对其面积一无所知。公元前6世纪初，被认为是第一个地图绘制者的希腊哲学家阿那克西曼德（Anaximander）和他的学生阿那克西米尼（Anaximenes）提出，星星是附着在一个巨大的水晶球上的。但至于其体积几何，还是没有具体的数字。

历史上，人类精确测量的第一个大型物体是地球，是

---

① 伊库，古巴比伦时期的面积单位，苏美尔语为“iku”，1伊库约等于3600平方米。

②《埃努玛·埃利什》是古巴比伦的创世史诗，其名取于史诗起首句。“埃努玛·埃利什”是阿卡德语，可译作“天之高兮”或“当在最高之处时”。

在公元前3世纪，由当时的亚历山大图书馆（the great library in Alexandria）馆长、地理学家埃拉托色尼（Eratosthenes）完成的。那时，埃拉托色尼从一名游历者那里，听到一个颇为有趣的消息：位于亚历山大城正南部的赛伊尼镇（Syene）有一口深井，在6月21日这天正午，阳光照到了深井的底部。显然，在那个时间那个地点，太阳是处在正上方的。（在时钟出现之前，各处的人们对于“正午”的定义，就是每天太阳升到最高处的时候，无论其是否完全与地面“垂直”。）埃拉托色尼很清楚，亚历山大城的正午，太阳是不会在头顶正上方的。实际上，阳光照射的角度与垂直线的夹角约为7.2度，也即圆的五十分之一左右，这一数据，可以通过测量太阳下棍子在地上的影子的长度来确定。太阳在某个地方位于头顶正上方，而在另一个地方不是，是由于地球的曲面造成的。埃拉托色尼依此推断，如果知道从亚历山大到赛伊尼的距离，那地球的周长①肯定就是这个距离的50倍。途经亚历山大的商人们告诉埃拉托色尼，骆

① 此处提到的周长指地球的赤道周长。——编者注

驼可以在50天内走到赛伊尼，而众所周知，骆驼1天大概可以赶100斯塔迪（约11.3英里）的路程。所以，这位古代地理学家估算，赛伊尼和亚历山大相距约570英里。由此，他得出，地球的周长约为50乘以570英里，也即28 500英里。这一数字与现代的测量结果相比，误差范围在百分之十五之内，考虑到用骆驼测量出来的距离并不精确，这真可谓一项了不起的创举。

聪明如古希腊人，也没能计算出太阳系的大小。这一问题，得留待两千年后才能解决，因为那时望远镜才被发明出来。1672年，法国天文学家让·里奇（Jean Richer）在地球两个不同地点观测比较火星在恒星背景下的位置偏移量，进而算出地球与火星间的距离。这两个观测点分别是巴黎（毫无意外）和法属圭亚那的卡宴。已知地球与火星间的距离，天文学家便能计算出地球与太阳间的距离，约为1亿英里。

几年以后，艾萨克·牛顿成功估算出离地球最近的恒星距离我们有多远。（只有像牛顿这样成就斐然的人，才能完成这样的计算，并且使这一成果在其一众成就当中，显得几乎有些微不足道。）牛顿是这样思考的：假设恒星是与我们的太阳相似的物体，且它们所发出的光的强度相当，那么太阳需要离我们多远，才能让自身发出的光看起来像最近的恒星那样微弱呢？牛顿手持羽毛笔，蘸着橡树瘿[①]制成的墨水，潦草地写下如蛛网般密密麻麻的计算过程，然后成功地计算出距太阳最近的恒星与地球间的距离——大约是日地距离的10万倍，也就是约10万亿英里。这一计算过程，记录在《自然哲学的数学原理》（*Principia*）这本书的一个简短的章节中，标题为《论恒星的距离》（“On the Distance of the Stars”）。

牛顿估算出的这个距离，远超此前历史上人类对距离的想象极限。即便在今天，它仍然只存在于人类的想象之中。我们大多数人体验过的最快速度，大约是每小时500英里，也就是载客飞机的飞行速度。如果我们以这个速度前往太阳系外最近的恒星，大约需要500万年才能抵达。倘若

① 牛顿时期所用的墨水，主要成分是没食子酸与硫化亚铁，没食子酸取自发酵的橡树瘿（一种蚜虫寄生于橡树中形成的球状物），再将其溶入亚铁盐做成墨水。

我们乘坐的是地球上最快的火箭飞船，走完这趟旅程也需要10万年，也就是至少1000个人的一生那么长。

但即便是如此长度，与哈佛大学天文台天文学家亨丽爱塔·勒维特（Henrietta Leavitt）在20世纪初测量出的距离相比，也相形见绌。1912年，勒维特想出了一种全新的方法来确定遥远恒星的距离。某些恒星的亮度，会随时间呈周期性变化（即“光变周期”），这类恒星被称为“造父变星”（Cepheid variables）。勒维特发现，造父变星的光变周期与其本征光度（intrinsic luminosity）[①]有关，光度越高则光变周期越长。测得某颗造父变星的光变周期时长，便可知它的本征光度。然后，将其本征光度与在夜空中的亮度对比，便可推测出它离我们有多远，就好比在夜晚有一辆汽车正向你驶来，如果你知道这辆车的大灯瓦数，那么就可以估测出它离你有多远。造父变星分布在宇宙各处，就像

① 本征光度：由于遥远处一颗明亮的恒星的光度可能小于附近的一颗昏暗的恒星的光度，因此在天文学中，以“本征光度”指一颗恒星本身的明亮程度（即排除其他干扰，如气体、星际尘埃、附近其他恒星所发出的光等）。

太空高速公路上的宇宙距离指示牌。

有了勒维特这一测量超远距离的方法，天文学家们在几年时间内便测出了银河系——由大约2 000亿颗恒星组成的庞然大物——的大小。为了方便表述这种令人难以想象的大小和距离，20世纪的天文学家们采用了一种新的距离单位——“光年”，即光在一年时间内经过的距离，这个数字约为6万亿英里。以此单位来表述，距离太阳系最近的恒星也在好几光年之外。银河系的直径，经测量约为10万光年。也就是说，从银河系的一端到另一端，即便是一束光，也得走10万年。

银河系之外，还有很多星系。它们都有自己的名字，如仙女星系（Andromeda，距银河系最近的星系之一）、玉夫星系（Sculptor）、梅西耶87（Messier 87）、马林1（Malin 1）、IC1101等。星系之间的平均距离，也是用勒维特的方法确定的，约为银河系直径的20倍，也就是200万光年。倘若有一位巨神，不受距离和时间的限制，在宇宙中悠闲地漫步着，那么在他眼里，这些星系，就如同灯火通明的宅院，散落在乌黑的太空乡村之中。据人类目前所知，星系是宇宙中最大的物体。如果按照体积大小来排列宇宙中的物质，得先从电子等亚原子粒子开始，最后才是星系。

在过去的一个世纪里，天文学家们对太空的观测越来越深入，已经将目光投向数亿光年之远。随之而来的，自然便是人们的疑问：物质宇宙是不是无穷大的呢？换言之，我们造出的望远镜越来越大，对光线的敏感度越来越高，可观测的物体越来越远，这一过程是否永无止境？是否会像明代永乐皇帝视察新建成的紫禁城那样，从一间房走到另一间房，一间接一间，从未到达尽头？

此时，我们必须考虑空间与时间之间的奇特关系。因为光的传播速度虽然极快，但仍有限度，即每秒186 000英里，我们观察到一个来自遥远的外太空的物体的那一刻，距它发出这束光的时间点，已经过了相当长的一段时间。我们看到的图像，是该物体发出这束光时的样子。假设被观测的物体距离我们186 000英里，我们看到的就是它一秒钟前的样子；如果这个距离是1 860 000英里，那我们看到的便是它10秒钟前的样子；以此类推。至于那些极其遥远的物体，我们所看到的，就是它们亿万年前的样子了。

接下来，是空间与时间的第二种奇特关系。早在20世纪20年代后期，我们就已经知道宇宙正在膨胀，随之而来的，是宇宙正在变得越来越空旷，越来越冷。通过测量膨胀速率，我们可以确定它的起源——宇宙大爆炸——大约发生在137亿年前。那时，没有行星和恒星，也没有星系，宇宙就是一块纯粹的能量块，其密度之高无法想象。无论我们造出多大的望远镜，也无法逾越宇宙大爆炸发出的光所传播的距离。因为再远的话，就根本没有可供光传播的时间了。这片浩瀚的空间，仅是可观测宇宙而已。（每天，可观测宇宙的范围都会变大一点。）但宇宙的实际空间，可能远远超过这个范围。

在位于圣克鲁兹的办公室里，伊林沃思和他的同事们，一直致力于测量并绘制可观测宇宙的全貌。他们所观测的范围，几乎达到了物理定律所允许的极限。可观测宇宙中的一切事物——海洋和天空、行星和恒星、脉冲星、类星体、暗物质、遥远的星系和星系团、恒星形成过程中的庞大气体星云——都被人类用以观测宇宙的传感器捕捉到了。

伊林沃思教授说："我时常会想，我们研究着那些永远无法在现实中触碰到的东西，这是上帝的恩赐。虽然身处一个中等大小星系里的一个小得可怜的星球上，但我们却可以描绘大部分的宇宙。宇宙如此浩瀚，令人惊叹。在我看来，倘若能以我们可以理解的方式与之产生联系，同样也值得赞叹。”

“自然孕育人类”（Mother Nature）这一观念，在地球上的每一种文化中都有所体现。但是，新的宇宙比过去设想的任何东西都要大得多，它在何种程度上是自然的一部分？人们不禁要问，伊林沃思与这片浩瀚的宇宙，与那些几十亿光年之外的星系和恒星有何联系？太空地图上的那些“小红点”，是否属于华兹华斯（Wordsworth）和梭罗（Thoreau）笔下的自然景物的一部分？它们是否如山川树木般有其内在价值？它们是否能主宰我们的生死循环？它们是否会令我们从生理上或者心理上改变自身对周遭世界的理解？抑或它们只是抽象的数字化产物，无声无息也无法触及，与我们的类似之处，仅在于（假设）它也是原子和分子构成的？人类只是生活在一颗小小星球上，围绕着数十亿颗恒星的其中之一运转着，我们又在多大程度上属于这种自然呢？

曾经，人们认为天体是神圣的，是由与地球上的物质截然不同的东西构成的。亚里士多德认为，世间万物皆由四种元素，即土、火、水和气组成。而不朽、完美、坚不可摧的天体，在亚里士多德看来，则是由第五种元素——“以太”组成。直到17世纪，现代科学的诞生，才使我们开始理解天体和地球是相似的。1610年，伽利略用他的新式望远镜，望见太阳表面有深色的斑点和瑕疵，打破了天体完美无缺的观念。1686年，艾萨克·牛顿提出万有引力定律，苹果坠落到地面与行星围绕太阳转动都服从这一定律。牛顿还进一步提出，无论是在地球还是在其他天体上，所有自然规律都发挥着同样的作用。在后来的几个世纪里，科学家们利用在地球上获取的化学和物理知识，估算出了太阳在燃料耗尽之前还可以燃烧多久，确定了恒星的化学成分，描绘出了星系的形成过程。

可是，生命体是否与石头、水和星星有所不同？牛顿和伽利略并没有回答这个问题。生命体和非生命体是否存在着本质上的不同？“生机论者”（vitalists）声称，生命体具备某种特质，有着无形的精神或灵魂；而“机械论者”

（mechanists）则认为，生命体是一台精密的仪器，与非生命体遵循着同样的物理和化学定律。19世纪下半叶，两名德国生理学家阿道夫·尤金·菲克（Adolf Eugen Fick）和马克思·卢讷（Max Rubner），分别开始验证机械论的假设，他们煞费苦心地将肌肉收缩、维持体温以及其他机体活动所需的能量制成表格，然后以此对比摄入的食物的能量。每1克脂肪、糖分和蛋白质都含有一定的能量。到了19世纪末，卢讷得出结论，生命体消耗的能量与其从食物中获得的能量完全相等。生命体也因此被视作生物齿轮和杠杆、电流以及化学能量的复杂组合。我们的身体和石头、水还有空气一样，都是由同样的原子和分子构成的。

然而，许多人仍有一种感觉挥之不去，即人类在某种程度上是独立于自然而存在的。这种观点，在美国哈德逊河画派画家乔治·库克（George Cooke）的画作《塔卢拉瀑布》（*Tallulah Falls*，1841）中得到了最好的诠释。虽然这一流派的艺术家都赞美自然，但他们同时也相信人与自然是分离的。在库克的这幅画上，一群渺小的人站在一处狭窄的悬崖之上，脚下是深深的峡谷。周围是树木葱郁的群山、巨大的岩壁和沿着峡谷倾泻而下的瀑布，人群站在那里，相形见绌，不仅是体形大小微不足道，而且他们不属于，也不可能属于眼前这片风景的一部分。就在这幅画作问世的几年前，拉尔夫·沃尔多·爱默生（Ralph Waldo Emerson）发表了他那篇著名的文章《论自然》（"Nature"），这是一篇写给自然的赞歌，但仍传达了人独立于自然的思想，至少在道德和精神领域是如此："人类会堕落，自然仍屹立。"[3]

今天，为了抵抗现代技术带来的混乱，人们发起了各种"回归自然"的运动，全世界也意识到全球变暖和其他环境问题，许多人对这个星球上的自然世界产生了新的亲近之情。但浩瀚的宇宙依然遥不可及，我们可能只是在知识层面上对其有些许理解：夜幕中那发着微光的星星点点与我们的太阳类似，它们同人体是由相同的原子构成的；深邃的外太空连接着我们这个星系与其他星系，其间的距离，也许需要光穿行数百万年甚至数十亿年。我们也许能够将这些发现当作知识去掌握，但它们实在是抽象得令人费解，甚至令人不安，这些知识就像在提醒我们，人类只是一个小点那般大小，没有头脑也没有思想。科学极大地拓宽了我们宇宙的边界，但我们心理上的现实仍局限于一生中接触过的事物。18世纪的爱尔兰哲学家贝克莱主教认为，整个宇宙不过是我们头脑中的构想，在我们的思想之外，不存在任何物质现实。作为一名科学家，我不能接受这种说法。然而，在情感和心理层面上，我能够理解贝克莱的观点。现代科学将这个遥远的世界呈现在我们眼前，就如同将色彩摆在盲人眼前。

关于我们在宇宙中的地位问题，最新的科学发现提出了新的佐证。这是科学史上第一次，我们能够对宇宙中出现生命的概率做出合理的估计。2009年3月，美国宇航局发射了一枚名为“开普勒”（*Kepler*）的航天器，其任务是寻找在其他恒星的“宜居区”（habitable zone）运行的行星。所谓宜居区，是指温度不至于令水沸腾或冻结的区域。出于种种因素，生物学家和化学家们认为，液态水是生命出现的必要条件，即使其生命形态与地球上的生命形态有很大不同。目前已经发现几十个此类的行星候选者，我们可以初步粗略地估计，所有恒星中，大约有3%伴有一颗支持生命存在的行星。地球上所有的生命体——不只是人类，还包括所有的动物、植物、细菌以及藻类——约占地球总质量的0.00000001%。[4]将这一数字与开普勒航天器的探查结果结合起来，再假设所有支持生命存在的行星上都确实存在生命，我们可以得出结论，可观测宇宙中以生命形式存在的物质的比例大约是0.000000000000001%，也即1%的千万亿分之一。如果是某种宇宙智慧创造了宇宙，那么生命似乎只是它事后添造的。如果生命是在随机过程中出现的，那么每一个生命粒子的出现都须耗费大量的无生命物质。这些发现，不禁令人思考我们在宇宙中的重要性。

几十年前，我和妻子航行于爱琴海上时，在漫无边际的海水和天空中，我似乎隐约感受到了无限。那是一种前所未有的感觉，其中伴随着敬畏、超然、恐惧、崇高、迷茫、疏远和怀疑。我只能信任手中的罗盘——一个小小的、画着数字的圆盘，上面有一片旋转的金属薄片。我把航向设定在255度，然后祝自己好运。几小时后，一抹淡淡的赭色土地如魔法般出现在我们的正前方，越来越近，那片土地上有房子，有床，还有其他人类。

规则的宇宙

进入麻省理工学院担任教师后，我既教科学，也教人文。有时，可能上午还在教物理，下午就要教小说写作。在上午的课堂上，宇宙被概括成无可置疑的、近乎痴迷的规律性运动，如单摆运动，如弹簧的收缩，如电磁波穿行于太空留下的涟漪，所有这些，都能以我用粉笔在黑板上写下的方程式来进行高度精确的描述。我和学生们谈论的，是一个纯逻辑、纯理性、纯因果的领域。在这里，除了在原子的量子层面外，未来完全由过去和无情席卷一切的自然定律所决定。所有人都同意这一点。到了下午，我要穿过楼院，来到人文大楼（据学校的说法，是14号楼），跟这儿的学生谈论人类事务的混乱本质，人心中的昏暗小巷。

贪婪、嫉妒、情劫、幸福、复仇、复杂而暧昧的行为动机。如果学生笔下的故事里有完满的角色，其一举一动都可被预测且永远理性行事，那么这名学生会被我严厉地训斥，因为他所创造出的不过是一具毫无生气的皮囊。我想说，真实的人是不可预测的。永远理性行事的角色就是个虚伪的骗子。任何你完全理解的角色跟死了没什么区别，明白吗？

但是，我们不也是由同样的粒子和电流组成的吗？我们甚至可以以令人瞠目的精度绘制出电流的流动轨迹。我猜想，我们这群现代智人（*Homo sapiens*）中，没有几个会迫切地将我们的思想和行为，简化成黑板上简洁的线条和数学符号。对于除此之外的几乎所有事情，我们都力求逻辑、模式和量化。我们推崇原则和定律。在某些时候，我们拥抱理性和动机，而另一些时候，我们看重自发、不可预测、随心所欲的行为以及完全自主的自由。我认为，在如何看待规则和模式这一问题上，我们绝对是精神分裂的。雪花的对称会吸引我们，天空中千变万化的云朵也能吸引我们。我们欣赏纯种动物的常规特征，也对无法分门别类的杂交动物着迷。我们钦佩那些活得正直而理性的人，也尊重那些打破常规的特立独行者。我们这些顶着巨大头骨的人类，似乎以一种复杂得令人费解的方式，同时喜欢着可预测和不可预测的东西，理性和非理性的东西，有规律和无规律的东西。是的，我们肯定是一个自我矛盾的复杂体。

让我们回到黑板上的符号，来看看我们极端理性的一面——物理、质量和力、作用与反作用。几个世纪以来，物理学家们已经发现了宇宙中基本力的作用规则，例如引力、电磁力和束缚住原子核周围粒子的核力。所有我们观察到的物理现象，都逃不开这些规则的掌控。其中一些规则仍在不断被修正，我们当然还没有对物质宇宙有一个完整的理解，但目前的规则已经可以准确地预测基本粒子和基本力的实验结果，可以精确到小数点后许多位。规则是定量的。例如，“库仑定律”（Coulomb’s law for electricity）表明，当两个带电粒子之间的距离乘以2时，它们之间的电力强度会降低4倍（数学公式为$F=q_1q_2/r^2$）。这是一个由许多实验和电磁理论逻辑得出的规则，它能够预测带电粒子如何在宇宙的任何地方相互影响。

另一个例子，你可以自行测试一下。令一个重物从4英尺的高度向下坠落，并对其下落过程进行计时，其结果应为0.5秒左右。从8英尺的高度坠落，这个时间应该约为0.7秒。高度为16英尺的话，对应时间大约为1秒。重复这个过程，不断调整高度，你会发现一个规律，即坠落高度每乘以4，物体坠落所需的时间就会翻倍。这是伽利略在17世纪发现的一个规律。有了这个规律，你现在可以预测物体从任何高度坠落的时间。你已经亲眼见证了自然的规律。

我们将这些规律称为“自然定律”。这是一个很有趣的术语。“定律”（Law[①]）这一概念，至少可以追溯到4000年前的古亚述人和他们的《乌尔纳姆法典》（Code of Ur-Nammu）。当然，这些最早的定律是人类社会中的行为规则，其量化也仅限于处罚具体数额的银币，或者向违反某一特定规矩的人的嘴里倒多少夸脱[②]的盐。例如：“如果一个男人以武

① “Law”一词在英语中不仅指定律，也指法律。

② 夸脱（quart），美制液量单位。1夸脱约为1升。

力夺取他人女奴的贞洁，那么这个男人必须为此支付5谢克尔①银币。”[1]我们的古代祖先也知道几何学定律。古巴比伦人明白，圆的周长与直径之比是一个固定的数字（也即如今的 π）。任何地方的任何圆都符合这一关系。他们还知道直角三角形中的勾股定理。这些都是“定律”的前身。

正如我在《浩瀚的宇宙》一章中讨论的那样，“自然”这一概念，其含义是复杂且多层次的。粗略说来，我们可以将自然看作物质宇宙的集合，生命体和非生命体都在其中。所以“自然定律”是物质宇宙中的普遍规则。亚述人判定以武力夺取处女贞操是不容于社会的行为，可我们不能像亚述人发明律法那样简单地发明定律，而是要以实验结合理论去发现定律。最后，用实验来检验是其中最关键的一步。发现和整合自然定律已成为人类文明的伟大成就之一：中国长城、《李尔王》、泰姬陵、《蒙娜丽莎》以及相对论就是其中的例子。

即便在自然定律——世界上关于理性以及人类对理性

---

① 谢克尔（shekel），古希伯来、古巴比伦等地的重量或货币单位。

力量的信念最严格的表达——面前，我们也会受矛盾的欲望困扰。“希格斯玻色子”的发现，就是一个典型的例子。（关于希格斯玻色子的更详细的讨论，请参见《对称的宇宙》一章。）希格斯玻色子是一种亚原子粒子，1964年，爱丁堡大学物理学家彼得·希格斯指出了它的存在，其目的是服务物理学上的“标准模型”理论，该理论是目前我们对自然定律的最新理解。根据这一理论的说法，希格斯玻色子和与之有关的能量所形成的机制，赋予了大多数基本粒子以质量。没有希格斯玻色子，就无法形成原子，也就不会有行星和恒星。如果希格斯玻色子不存在，我们所知的一些自然定律就得“擦掉重来”。

2012年7月，两个物理学家团队宣布他们发现了一种新的粒子，很有可能就是寻找已久的希格斯玻色子，这一消息令许多物理学家欣喜若狂。但并不是所有人都如此。玛丽亚·斯皮罗普鲁（Maria Spiropulu）是加州理工学院的物理教授，同时也是其中一个团队的成员，她接受《纽约时报》采访时说：“我个人并不希望这个新发现的粒子和‘标准模型’有什么关系，我不希望这个理论是简单的、对称的或可以预测的。我希望我们所有人面对的是一个复杂的局面，如此一来，我们在很长一段时间内都会处于一种良好的循环之中。”[2]有这种想法的不止斯皮罗普鲁一人。我们喜欢秩序，但也喜欢惊喜。我们喜欢可预测的东西，也喜欢不可预测的东西。每隔一段时间，我们就渴望着新问题的出现。

我最喜欢的关于古代科学思想的描述之一，是罗马诗人兼哲学家卢克莱修（Lucretius，约公元前99—前55年）写的长诗《物性论》（*De rerum natura* 或 *On the Nature of Things*）。包括西塞罗（Cicero）①在内的许多罗马人都读过此书。在这部长诗中，卢克莱修阐释了一个关于原子的理论，即原子是极微小的、不可毁灭的物质单位，世间万物都是由它构成的（原子的概念可以追溯到几个世纪之前，即德谟克利特和伊壁鸠鲁的时代）。原子这种基本元素，被认为有各种大小、形状和质地，因此才能解释物质的不同特性。但卢克莱修这

① 马尔库斯·图利乌斯·西塞罗（Marcus Tullius Cicero，公元前106—前43年），古罗马著名政治家、哲学家、演说家和法学家。

本书的内容不止于此。他认为，原子帮助当时的人们抵御了两种最大的恐惧（可能至今仍是如此）：一种是对神反复无常地干预人类事务的恐惧，另一种是品行不端的人对灵魂将永远受到惩罚的恐惧。原子，因其物质性和不可破坏性，打消了人们的这两种恐惧。既然一切都由原子构成，而原子又不可能凭空出现，因此神不能凭空造物，不能在没有正当的因果过程的情况下影响人世。以下是卢克莱修的阐述：

能驱散这个恐怖、这心灵中的黑暗的，
不是初升太阳炫目的光芒，
也不是早晨闪亮的箭头，
而是自然的面貌和规律。
这个教导我们的规律乃开始于：
未有任何事物从无中生出。
恐惧所以能统治亿万众生，
只是因为人们看见大地宇寰
有无数他们不懂其原因的现象，
因此以为有神灵操纵其间。

而当一朝我们知道无中不能生有，
我们就将更清楚看到我们寻求的：
那些由之万物才被创造的原素，
以及万物之成如何是未借神助。①

稍后，卢克莱修在本诗中写道，思想和精神也是由原子构成的，因此死亡就如同“烟和雾在风中就消散，所以请相信灵魂同样也被抛散，并且消失得更快更快，更迅速地被分解为它的原初物体”②。所以，死后没有不朽的灵魂，我们的全部都是由原子构成的，死后原子便随风消散了。“因此，死亡对我们来说不算什么。”③

在卢克莱修看来，原子是自然定律的一部分，而自然定律使人类摆脱了神灵的拨弄和操控。卢克莱修肯定神灵的存在，但与此同时，他认为自然定律不受神的影响。相比之下，如今的大多数宗教主义者声称，自然定律完全在

① 引自卢克莱修《物性论》，北京：商务印书馆，2011年6月，方书春译。
② 同上。
③ 同上。

神的掌控之中。神创造万物，也创造了自然定律，只要神愿意，便可以随心所欲地改变定律。正如哈佛大学天文学及科学史荣誉教授欧文·金格里奇所说：“我相信，我们的物质宇宙是以某种方式被包裹在一个更广阔、更深层的精神宇宙之中，在这个精神宇宙中，神迹是可以发生的。如果这个世界不是由定律主导的，那我们就无法提前计划或者做出任何决定。科学图景中的世界固然重要，但科学并不能解释所有事情。”[3]

宗教信仰从古罗马、古埃及和古巴比伦的多神论，转变为犹太教、基督教和伊斯兰教的一神论，必然对人类理解自然定律起到了一定作用。自然定律与反复无常和心血来潮是两种极端。在多神论中，每一位神都有着自己的独特性格和奇思妙想，因此相比一神论来说，神有着更多的空间去做那些令世人惊讶的行为。而在一神论中，我们人类只需理解唯一的神圣意志就行。卢克莱修信奉的是罗马神话中的众神，他如此迫切地宣扬一种将人类从众神的干预中解放出来的哲学思想，也就并不奇怪了。

阿基米德提出的水的浮力原理，是最早的定量自然定律之一，在公元前250年的《论浮体》（*On Floating Bodies*）一书中，阿基米德阐述了这一定律：“任何完全或部分处在流体中的物体受到的浮力的大小，等于该物体所排开的流体的重量。”[4]波斯物理学家伊本·萨尔（Ibn Sahl），在公元984年发表了论文《论点火镜子与透镜》（“On Burning Mirrors and Lenses”），其中，他对光从一种介质传播到另一种介质时的偏转角度，给出了准确的定量定律。[5]

在规则宇宙这一观念的兴起之路上，艾萨克·牛顿绝对是一位里程碑式的人物。牛顿提出的万有引力定律，不仅是最早对物体运动背后的基本力的数学表达之一，还首次提出了地球上的物质运动规律，同时也适用于其他天体——这是对自然定律普适性的第一次真正理解。牛顿的聪明之处在于，他认识到使月球绕地球运行的力和导致树上的苹果落地的力是同一种力。然而，即便身为逻辑学大师和还原论①者，牛顿也认为自然定律不足以解释物理世界

① 还原论（reductionism）又译“化约论”，是一种哲学思想，认为复杂的系统、事物、现象可以通过将其化解为各部分之组合的方法来加以理解和描述。

中的一切。在《自然哲学的数学原理》一书的结尾部分，也即总论部分，牛顿在经过大量计算之后，承认月亮和地球所表现出的同步性，绝不可能仅用“纯粹的力学原因”就能解释，“除非通过一个理智的和有权能的存在的设计和主宰”。尤其是行星运动方面，牛顿认为，如果没有上帝的积极干预，随着时间的推移，摩擦力会使行星的运动速度慢慢下降。“失掉运动远比获得运动容易得多，运动总是处于衰减之中。……盲目的命运永远不可能使所有的行星都以同样的途径在同心圆的轨道上运转。……（在行星轨道上）某些微不足道的不规则性……可能会增大，直到这个行星系统需要（被上帝）重组为止。”[①]可见，就连牛顿也认为，虽然自然法则在大多数时间主宰着物质宇宙，但上帝会不时介入，然后提点一番。

100年后，法国数学家兼科学家皮埃尔·西蒙·拉普拉斯（Pierre Simon Laplace）否定了行星沿轨道运行需要上

① 原文出自牛顿的《光学》（*Optiks*，1704）。译文引自《牛顿光学》，北京：北京大学出版社，2011年3月，周岳明等译。另：括号内内容为本文作者为转述之便所补充，非原文所有。

帝的帮助，不止如此，他还进一步否定了上帝对所有自然定律的干预。拉普拉斯不时被人称作法国牛顿，他宣称自己是法国最好的数学家，但没什么人搭理他。拉普拉斯仔细计算了行星的运动轨道，不仅计算行星与太阳之间的引力关系，还考虑了各行星之间引力的相互作用。他得出结论，在牛顿的万有引力作用下，太阳系完全能够独立、稳定地运行。行星系统不会因受到引力摩擦的影响而紊乱，因此完全无需上帝的干预。据19世纪英国数学家奥古斯都·德·摩根（Augustus De Morgan）说，在巴黎流传着这样一个故事：当拉普拉斯将他那本关于天体力学的著作呈给拿破仑时，这位皇帝（总爱问令人尴尬的问题）故意说了句，听人说他这本书里没提到上帝。拉普拉斯对此的回复是“我不需要那种假设”①。

20世纪涌现出许多科学发现，例如，时间和空间因运动和引力而收缩或膨胀（相对论），亚原子粒子的微观运动（量子力学），以及将原子核结合在一起的强核力（量子色动

① 此处原文为法语，即“Je n'avais pas besoin de cette hypothèse-là”。

力学）等。由此，物理学家们将他们对自然定律的理解和信念奉为圭臬。这种信念是如此强烈，以至于当某个既定的定律似乎要站不住脚时，物理学家们会因此深感不安。能量守恒定律就是其中之一。19世纪中叶，朱利叶斯·罗伯特·迈尔（Julius Robert Mayer）和詹姆斯·普雷斯科特·焦耳（James Prescott Joule）分别在实验中发现了这一定律。迈尔是一名德国医生；焦耳来自英国一个富裕的酿酒家族，他用继承而来的财富建起了自己的实验室。在《精神的宇宙》一章中，我们讨论过，虽然能量可以转变形态，但一个封闭系统中的总能量是恒定的。在过去的几个世纪中，我们已经知道如何去量化动能、热能和重力势能等。如果你将一枚蕴含11个单位化学能的炸弹，放入一个不可能被穿透的盒子里并且将其引爆，在那一瞬间，炸弹中的化学能就会转化为光能以及飞溅的碎片上所附有的动能和热能，而盒中的总能量仍为11个单位。能量守恒是科学中最无法驳斥的定律之一，自19世纪中叶以来，它已深深植根于所有其他科学定律之中。

1914年，物理学家们发现了一种似乎违反了能量守恒定律的现象。某类放射性原子会释放出一种名为“β 粒子”（beta particles）的亚原子粒子。这种原子在释放粒子前后的能量是可测的。根据能量守恒定律，β 粒子所带的能量，应该等于原子释放粒子前后的能量值的差额，就像两个不同时间点的银行结余的差额，应等于这期间的支出总额。但令人意外的是，经测量，β 粒子携带的能量每次都不相同，有时测出的是这个数字，有时又是另外一个数字。反复测试过后，得到的都是这种令人不安的结果。有人认为，其实粒子在被释放时确实带着正确数值的能量，但是由于随后与其他原子发生碰撞，丢失了部分能量。一小部分顶尖的物理学家勉强给出一种解释：或许能量守恒定律在一般意义上是准确的，但并不是每个原子都符合这一定律。

1930年12月，欧洲一次重要科学会议举办在即，奥地利天才科学家沃尔夫冈·泡利（Wolfgang Pauli）[①]给他的同行们写了一封信，谈到了令人困扰的 β 粒子难题，信的开

① 沃尔夫冈·泡利（1900—1958），美籍奥地利科学家、物理学家。他是慕尼黑大学历史上最年轻的研究生。1925年，年仅25岁的泡利提出了著名的“泡利不相容原理”，为原子物理的发展奠定了重要基础。

头是这样的："亲爱的各位（从事）放射性（研究）的女士们、先生们……我找到了一个绝望的补救措施来拯救……能量守恒定律。"[6]接着，泡利在信中提出，当一个放射性原子释放出 β 粒子时，也会释放出另一种粒子，我们从未在此前观察到过这种粒子，暂且叫它"中微子"（neutrino），中微子和 β 粒子的能量之和，正好是原子银行的差额。也就是说，原子银行中，部分能量支出是入了账的，而另一些却没有。泡利提出了一种新的基本粒子，这引起了人们的重视。"我承认，我的补救措施几乎令人难以置信，因为如果它们（中微子）真的存在的话，早该被人们发现了。但是只有大胆的人才会赢……"在信的结尾，泡利还向他的同行们致歉。他无法出席这次会议，因为苏黎世有个舞会"没他不行"。

执着于能量守恒的物理学家们，开始关注泡利提出的这种隐形的中微子，甚至开始利用其构建放射性原子的新理论。此时，中微子还只是一个带来希望的梦想，直到1956年，美国物理学家克莱德·科温（Clyde Cowan）和弗雷德里克·莱因斯（Frederick Reines）在南卡罗来纳州萨凡纳河核反应堆中发现了它。能量守恒定律仍旧是不容挑战的。

自然定律帮助我们在这个陌生的宇宙中建立起理智。自然定律保护着我们免遭神明无常摆布。自然定律满足了我们对秩序、理性和掌控的深层情感需求。

…………

接着，我们来看看自身的另一面。科学史家洛兰·达斯顿（Lorraine Daston）和凯瑟琳·帕克（Katharine Park）在她们合著的《奇迹与自然秩序》（*Wonders and the Order of Nature*）[7]一书中，记录了人类对于奇闻怪事的沉迷，其中包括不合常理的惊异之事和奇形之物等。马可·波罗（Marco Polo）在印度奎隆王国发现纯黑狮子时欣喜若狂。雅克·德·维特里（Jacques de Vitry或James of Vitry）①记述过冰岛奇异的“午夜太阳”景象，英国长尾巴的男子，勃艮第阿尔卑斯山上大脖子的女人等。其他游历者也兴奋地记

① 雅克·德·维特里，13世纪传道者、作家，曾为中世纪天主教军事组织“圣殿骑士团”布道。

录过装着形似山羊的小动物的葫芦，长着人脸蝎尾的野兽，独角兽，头上毛发浓密似狗的人，石化的湖泊，彩色的群山，能令人产生幻觉的植物，能治疗疾病的水，行星并列时的惊人力量，吐出虫子的人，处女的分娩，能引起性兴奋的粉末，等等。大卫·休谟（David Hume）①在其名为《论神迹》（“Of Miracles”，1784）的文章中写道：“由神迹引起的惊奇和疑惑是令人愉快的感情，它让我们从情感上更倾向于相信神迹的确存在。”[8]法国哲学家米歇尔·福柯（Michel Foucault）写道：“好奇心令我愉悦。它唤起了……一种发现周遭陌生而非凡的事物的心理冲动，使我们以苛刻的眼光来审视熟悉的事物。”[9]达斯顿和帕克对此的解释是，愚昧的群体对奇闻异事和神迹更为痴迷，几个世纪以来，这种痴迷已经逐渐减弱了。我认为，如果将神迹的范围加以拓展，将常规思维无法理解、已有知识无法解释的惊奇事物和现象也纳入其中的话，那么神迹对人们的吸引力至今仍然存

① 大卫·休谟（1711—1776），苏格兰哲学家、经济学家、历史学家，被视为苏格兰启蒙运动以及西方哲学历史中最重要的人物之一。

在，并且其中还包括许多受过教育的文明开化的人。加州理工学院的斯皮罗普鲁教授，以及诗人华莱士·史蒂文斯（Wallace Stevens）就是这样的例子，后者写道："想象力丰富的人喜爱的，是想象的世界，而不是荒芜的理性世界。"[10]皮尤研究中心（Pew Research Center）①的一项调查显示，三分之二的美国人相信超自然事件是真实发生过的。[11]

当然，斯皮罗普鲁教授希望不可预测的事物将科学带入"良性循环"，史蒂文斯偏爱想象而非理性，公众相信超自然现象等并非完全是一回事。但它们之间有着共同之处，那就是深深植根于人类天性中的对奇异和惊喜的渴望，并且这种渴望并不亚于我们对熟悉、秩序和理性的喜好，对此，中国哲学中的"阴阳"理念就是现成的例子。从字面意思理解，"阴阳"就是阴影和光亮。看似相互冲突的两股力量——冷与热，低与高，水与火，秩序与混乱，理性与非理性——实则互为补充，构成自然万物存在的基础。

---

① 皮尤研究中心，美国的独立性民调机构，旨在就那些影响美国乃至世界的问题、态度与潮流提供信息资料。

面对科学的规律性和逻辑性，我们的内心是矛盾的，这种心理，在如何看待自己的肉体和思想这一问题上，表现得最为显著。生物学在诞生之初，就伴随着一个挥之不去的疑问，即“生命体与非生命体是否遵循着不一样的自然定律？”时至今日，仍有人对此争论不休。在《浩瀚的宇宙》一章中，我们讨论过，“生机论者”认为，生命体具有某种特殊性质——某种非物质的、精神的、超然的力量——使得人体这一各种组织和化学物质的混合物，能产生生命的律动。这种超然之力，是物理解释不了的。“机械论者”则认为，生命体的所有活动，都超越不了物理定律和化学定律的范围。卢克莱修就属于机械论一派。柏拉图和亚里士多德则是“生机论者”。他们相信，促使一个小小的胚胎长大成人的，是一种名为“目的因”（final cause）的理想化的东西，“目的因”是精神的而非物质的。勒内·笛卡儿（René Descartes）提出，非物质的灵魂和物质的身体是在松果腺中相互作用的，从而将相互独立的无形思想和有形肉体连接起来。永斯·雅各布·贝采利乌斯（Jöns Jacob Berzelius）所著的《化学教科书》（*Lärbok i kemien*）

是19世纪中期最权威的化学课本，贝采利乌斯在其中简短地写道：“元素在生物界和非生物界，似乎遵守着完全不同的定律。”[12]

同样是在19世纪中期，机械论者得出结论：食物的化学分解即可满足动物的全部能量需求，并不需要没有重量的、非物质的精神或者其他特殊的自然定律的参与。（这多像拉普拉斯回复拿破仑的话。）但许多人仍感不快，一想到人体可以分解成一圈圈的弹簧、一个个运动着的球体、一堆堆重物和一根根支撑悬梁，他们就感到不舒服。

那我们的思想呢？我们的思想仅仅是遵从库仑定律以及其他科学规定的大脑——通过化学物质和电信号存储、传递信息的一团黏稠的神经细胞吗？根据自然定律和世界的物质性规律，如果有一台足够大的计算机，那么我们的一切思想和行为不是最终都完全可预测吗？果真如此的话，那么非理性行为就不该存在。我们将来的一切所想、所言、所做，都应会麻木地遵循着大脑的习惯和无尽重复的定律。

“不，不，不！”在陀思妥耶夫斯基的《地下室手记》（*Notes from Underground*）中，那位无名的叙述者尖声呼喊着。在这部短篇小说中，叙述者抨击了知识分子构建的所谓理性，它是最早探索心理的矛盾本质的现代文学之一：

> 这位先生马上就会滔滔不绝，有板有眼地向你们讲述，他将如何按照理性和真理的规律来行动。……可是刚刚过了一刻钟，没有任何突如其来的外部缘由，而恰恰是根据某种比其他一切利益更强劲的内在冲动，他突然改弦易辙，也就是说他公然反对自己刚说过的一切：既反对理性，又反对自身的利益，唔，总而言之，反对一切。……他（愿意做任何事情）去证明人毕竟是人，而非钢琴上的琴键。……不仅如此，即便人真是钢琴的琴键，即便用自然科学和数学方法证实了这一点，在此情形下，他也不会幡然醒悟，并且仅仅因为忘恩负义而非要反其道而行之。说实话，这是固执己见。[①]

① 引自陀思妥耶夫斯基《地下室手记》，杭州：浙江文艺出版社，2020年5月，曾思艺译。

为了自由，我们可以不惜一切代价。我们乐于发现一个规律的宇宙，前提是我们自己不受规则的约束。我们崇尚秩序与理性，同时也爱好无序和非理性。我能想象，未来将会有一种“身心”实验：将一个心智聪颖的人带入一间隔音且密封的房间内，尽可能减少外部的感官刺激，然后问他各种有关情感、审美和道德的难题。另外在进入房间之前，还会对测试对象的大脑进行全面检查，以便测试和记录下每个神经元的化学和电信号的状态，原则上这些都是可以办到的。那么，问题来了。假设我们拥有一台足够大的计算机，加上已知的自然定律，我们能否预测出这个人对每个问题的回答？

虽然我身为一名科学家，但我希望答案是否定的。我无法给出确切的理由。我确信物质宇宙完全由理性定律主宰，也确信肉体和思想都是纯物质性的。此外，我不相信神迹或者超自然现象。但是，如同陀思妥耶夫斯基笔下的人物一样，我无法接受自己不过是钢琴的琴键，受到敲击，就必须按照特定规则去思考或行事。我想要自己的行为有着某种不可预测性。我想要自由。我希望自己的大脑中存在着某种“自我”（I-ness），而不仅仅只是神经元、钠通道、乙酰胆碱分子（acetylcholine molecule）的总和，我希望这种“自我”像一位能当机立断地做出决定的船长，至于它的决定正确与否，并不重要。最后，我相信神秘事物的力量。爱因斯坦曾写道：“神秘的事物是我们所能体验的最美好的东西，它是一种根本情感，是真正的艺术和真正的科学的起源。”[①]我相信，一个尚未被完全理解的世界，才会生趣盎然且令人兴奋。我相信，那些我们还没能理解的东西，会给予我们激励和鞭策。我希望，在已知和未知之间，永远存在一条边界。边界之外，是陌生，是不可预测，是生命。

① 引自爱因斯坦《我眼中的世界》（*The World As I See*），合肥：安徽科学技术出版社，2010年1月，杨全红译，稍有改动。

非具象的宇宙

1851年1月8日凌晨，在距卢森堡花园不远处的阿萨斯街（rue d’Assas），一位名叫莱昂·傅科（Léon Foucault）① 的身形瘦弱的男子，于自家的地下室，首次直接证明了地球是绕地轴自转的。[1]这一结果，人们已经等待了两千多年。早在公元前3世纪，就有一些叛逆的思想家推测，太阳和星辰之所以会每日周而复始地升落，是因为地球在转动，而非主流观点认为的那样，地球静止不动，所有天体围绕地球旋转。但是，地球自转的这种想法，被驳斥为有悖常

① 莱昂·傅科（1819—1868），法国物理学家。他最著名的发明是显示地球自转的傅科摆。除此之外，他还曾测量光速，发现了涡电流。

识的荒唐论调。毕竟，我们并没有生活在持续的眩晕感中，也没有感受到自身在太空中飞驰的宇宙速度。当我们走出家门时，也不会感到风从耳旁呼啸掠过。通过简单的计算便可得知，如果真的像某些人声称的那样，地球每天自转一周，那么一个站在赤道上的人的速度将会达到惊人的每小时1000英里。亚里士多德的论证很有说服力，他表示，如果地球确实在自西向东旋转，那么向正上方抛出的物体，就会落在西边很远的地方。同样地，云和鸟也只会向西飞去。可以上这些现象，都没有发生。

然而，后辈科学家们认为，若地球绕地轴自转，那垂直向上抛出的物体和地球一样，也会进行相同的横向运动，因此会掉落在抛出时的位置。而且，空气（还有云和鸟）也将会随地球的转动而动，而不是被抛在后面。最终，哥白尼所提出的天文模型——即地球绕太阳公转，同时也绕地轴自转——得到绝大多数人的认可。但是，仍没有直接证据来证明它。

在地下室里，傅科把一个12磅重的铜球挂在一根6英尺长的钢丝上，并令其摆动，形成一个钟摆。他在当时的日记中写道：

> 礼拜五，1851年1月3日，凌晨1—2时，第一次实验，结果令人鼓舞。钢丝断了……
>
> 礼拜三，1851年1月8日，凌晨2时，钟摆朝着天球（celestial sphere）① 昼夜运动的方向转动。[2]

钟摆的摆动平面是否转动是最为关键的一点，而一切都取决于参照系。物理学家已经证明，在非旋转的参照系中，钟摆始终保持在同一平面（即不转动）摆动。傅科在实验中用的桌子相对地球是静止不动的，当钟摆的摆动平面相对于桌子开始慢慢转向时，这只能说明一个事实：地球不是一个非旋转参照系。地球在旋转。地球自转对钟摆的影响效果并不明显。每10分钟，摆动平面的转动不到2度。但如果有一个足够稳固且不易受摩擦影响的钟摆，加之一

① “天球”是以地心为球心，以无限远为半径的假想球体，表示天体运动的辅助工具。所有天体，无论多远，都可以在天球上有它们的投影。

位细心的观察者，便可以测量这种影响了。傅科身高5英尺5英寸，身边的熟人都斥其为“懦弱、胆怯、瘦小”[3]之辈，最初他接受的是医学训练，但因见不得血而最终放弃。如今的他已经30岁，正逐渐成长为欧洲最伟大的实验物理学家之一。

怯懦的傅科决定用他的发现引起轰动，在公众面前来一次盛大的演示。同年2月，他发出公告：“诚邀您于明天下午2点至3点，莅临巴黎天文台子午线厅，见证地球的转动。”[4]一位参加了那场演示的记者在《国民报》（*Le National*）上写道：“在约定好的时间，我来到子午线厅，并且亲眼见证了地球的转动。”[5]

当然，这位记者和在场的朋友们并没有看到地球的转动。

他们也不可能感受到或者听到地球的转动。地球的转动是不可见、不可闻的。事实上，人类的感官完全无法察觉到它。观众通过观察傅科的钟摆，加上自己的推理演绎，从而了解到世界深奥而又不可见的一面。傅科的钟摆，连同此前两百多年的第一台显微镜的问世，标志着人类文明史上一个新时代的开端，自此，我们对自然界的认识不再局限于感官经验，而是来自仪器和数学计算。自傅科以来，我们对宇宙的了解越来越深入，这些知识，是我们单单依靠身体感官没能发现也不可能发现得了的。我们用眼睛看到的，用耳朵听到的，用指尖感受到的，都只是客观现实的一小部分。依靠人造仪器，我们一点点地揭开世界隐藏着的一面。在这里，世界往往有违常理，往往不为肉体所熟悉。它迫使我们重新审视世界的运行方式。它否定了我们对眼前世界的直接体验。

…………

说到揭示一个超越人类感官知觉的世界，最直白的例子就是大量人眼无法看到的不可见光的发现。19世纪中期，苏格兰物理学家詹姆斯·克拉克·麦克斯韦（James Clerk Maxwell）完成了一组描述所有电和磁现象的四元方程。对这4个方程进行适当推导，便能形成其他方程，这些方程预测了一种在空间中穿行的波，类似于水面的波纹。不过在麦克斯韦看来，这一假想中的波和水波可不一样，它是由振荡的电和磁组成的。根据方程计算，这些“电磁波”

（electromagnetic waves）的速度为每秒186 000英里，这个数字与之前观察到的光速相同。据此，麦克斯韦推断，我们称为“光”的现象，其实是行进中的电磁能量波。此外，根据方程演算，这种波有着非常大的波长范围，我们称其为“电磁波谱”（electromagnetic spectrum），小则远小于人眼所能见，大则远大于人眼所能见。所有以上结论都是假设性的，是写在纸上的数学符号。但科学发展至今，我们已经学会要认真对待这种数学计算。真理往往存在于数学计算之中，无论我们是否能够观察到它。

德国物理学家海因里希·赫兹（Heinrich Hertz）是认真对待麦克斯韦方程的人之一。赫兹制作了一台带有振荡电流的仪器，根据麦克斯韦的理论，它应该会产生电磁波。这个装置就是他的“发射器”。接着，赫兹又制作了另一台“接收器”，它由一根缠绕成一圈圈圆环形的导线组成，且导线两端几乎相接。赫兹的实验地点是卡尔斯鲁厄理工学院（Karlsruhe Institute of Technology）的报告厅，他是这所学校的教授。赫兹启动他的发射器，并将接收器放在报告厅的另一侧。他仔细观察着接收器，发现当发射器启动时，接收器上导线两端的间隙中有微弱的火花在跃动。而在发射器和接收器之间的空间里，只有空气和零散的学生。显然，正如麦克斯韦所预言的那样，一种看不见的能量波正从发射器穿行到接收器。之后赫兹计算出了它的波长，它比可见光的波长长得多。这些不可见的波，就是人类第一次制造出的无线电波。但仅凭肉眼是完全看不到的。赫兹对他的一位同事说："说到底，它没什么用处……这个实验只不过证明了伟大的麦克斯韦是正确的，这种神秘的电磁波确实存在，虽然我们用肉眼无法观察到，但它就在那里。"[6]

现在，我们已经明白，在人脑的解读下，光的不同波长对应着不同的颜色。人眼可见的光的颜色范围，是从波长约为十万分之四厘米的蓝光，到波长约为十万分之八厘米的红光。但还有更多的颜色，比红色更红，比蓝色更蓝。自麦克斯韦和赫兹时代以来，我们造出了许多设备，这些设备能探测到波长超出可见光几万亿倍的光，它们是超长无线电磁波（ultra-long radio waves），可用于潜艇秘密通信。我们还造出了探测到超短波的设备，超短波的波长是可见光波长的一亿亿分之一，它们是超高能伽马射线（ultra-high-energy gamma rays），是在中子星的强烈引力下产生的。其他所有光的波长都介于此二者之间。整个电磁波谱中，肉眼可见的部分是微乎其微的。所有这些其他波长的光，虽不为人眼可见，却正不知疲倦地在空间中飞驰，穿过我们的身体，呈现出奇异的景象——夜晚沙漠升起的温暖光芒，带电粒子于地球磁场中盘旋所发出的电磁辐射，太阳磁暴所产生的X射线。所有这些现象肉眼都看不见，但我们的仪器可以观察到它们。

从某些方面来说，我们就像埃德温·A. 艾勃特（Edwin A. Abbott）于1884年出版的小说《平面国》（*Flatland*）里所描绘的生物一样，生活在只有长度和宽度而没有高度的二维世界中。在平面国，劳动者是三角形的，专业人士是正方形的，僧侣是圆形的，房屋是五边形的。在这个世界中，雨水滑过二维平面，拍打在屋顶上，而屋顶是一条条笔直的线段。对于平面国中的居民来说，生活似乎充实且完整。他们完全不知道有第三个维度的存在。后来，有一天，一位来自三维空间的客人到访此地，他向人们解释自己的世界是多么美丽富饶。而平面国的居民们一边听着，一边点点他们那二维的脑袋，却无法理解这位客人在说些什么。我们的仪器就像这位客人一样，它们向我们呈现的世界，远远超出了我们经验的范围。

1905年，一位名叫阿尔伯特·爱因斯坦的德国专利审查员提出，我们对于"时间"——作为存在的最基本特征，在所有有记载的历史中，从来没有人质疑它——的理解有误。爱因斯坦声称，时间不是绝对的，两个事件之间所经过的时间量，与事件观察者的相对运动有关。爱因斯坦不是只会纸上谈兵。基于对光的研究，结合一些哲学原理，爱因斯坦提出了一组方程式，精确地量化了在不同的相对速度下，秒针转动的速率是如何产生差别的。例如，你手上的钟表刚过了1秒，而以时速1000英里掠过这块钟表的另一块一模一样的钟表，可能才刚过0.999999999999秒。从这个例子不难看出，在日常生活中熟悉的低速状态下，时间差异是微乎其微的，这也解释了为什么在爱因斯坦之前，从没有人怀疑过1秒钟可能不是1秒钟。但我们的仪器可以测量出这种微小的差异，并在事实上证实了爱因斯坦的理论。此外，我们的巨型粒子加速器，已经能令亚原子粒子以接近光速的速度运动，在此，“时间膨胀”（time dilation）效应更为显著。对于一个以99.99%的光速从你身边飞过的粒子来说，你的时钟上的1秒钟只是它的0.014秒。如果我们也能以同样的速度高速运动的话，那么时间对我们来说将会有完全不同的意义。我们可能在每次旅行后，都得重调手表。可能某次高速旅行回来，我们的孩子们已经比我们自己还要老了。当谈到我们对于时间的切身体会时，你我就像那平面国里的人一样，无法理解爱因斯坦的相对论世界。

发现了一个无形宇宙的，不仅仅有现代物理学。

20世纪，生物学走向独立，确定了许多传递神经冲动、储存信息、控制视觉和听觉的细胞和分子结构，这些极微小的结构用肉眼是不可能看见的。最令人关注的是，我们发现了一种特殊的分子，其中包含着形成胎儿的指令编码。我们体内有着数万亿的细胞，除非用上显微镜，否则我们是看不到的，每个细胞里都有一套完整的此类指令。如果我们能看清自己体内的每个分子，能感知到我们体内每秒钟发生的数万亿次的生化反应，能观察到每个三磷酸腺苷分子（adenosine triphosphate molecule）为肌肉运动提供的点滴能量、大脑皮层中每个神经元的每一次放电、眼睛中每个视黄醛分子（retinene molecule）的每一次伸展和扭转，那会是什么感觉？我们就像船长，高坐在驾驶舱中，只能听取底下的船舱和轮机舱的情况，却永远无法亲眼观察到它们。

就超越感官知觉的现实而言，最令人瞠目的发现，也许是所有的物质都表现得既像粒子又像波。一个粒子，如一粒沙子，在每个时间点上只占据一个位置。相比之下，一个波，如水波，是伸展开的；它同时占据了许多位置。我们对世界的所有感官经验告诉我们，一个物体要么是一个粒子，要么是一个波，不可能二者都是。然而，20世纪上半叶的实验确凿地表明，所有物质都具有“波粒二象性”（wave-particle duality），有时像粒子，有时像波。

显然，我们产生的“固体物质的位置是可确定的，在同一时间只占据一个位置”这个印象是错误的。我们没有注意到物质会呈“波纹形”，是因为物质的这种性质，只有在原子尺度才会明显表现出来。而我们的身体，以及我们能看到或者触摸到的东西，都属于相对较大的尺度，粒子的波动性表现所产生的影响微不足道。但如果我们如亚原子般大小，便会发现，自己和其他所有物质，都不是在某个时间点存在于某个地方，而是如同雾霭一般，同时弥散于各处。

研究自然界波粒二象性的科学领域，叫作量子物理学。量子物理的方程，以及验证这些方程的仪器，为我们揭示了一个高深莫测的现实，一个与我们平常理解中的世界完全不同的现实。亚原子粒子可以同时出现在许多地方，也可以突然从某个地方消失，又在另一个地方出现。而且观察者与被观察对象不能分开。事实上，观察者的观察方式决定了粒子的性质。量子的世界于我们的感官知觉而言，实在太过陌生，以至于我们都没法用语言来描述它。正如现代伟大的物理学家尼尔斯·玻尔（Niels Bohr）在1928年所写："我们正追随着爱因斯坦，走在他走过的道路上，即令我们从感觉延伸而来的感知模式，去适应逐渐高深的自然定律知识。在这条道路上，所有的障碍都源于这样一个基本事实……语言中的每一个词所指向的，都是我们日常感知的事物。”[7]

颇为讽刺的是，在我看来，同样的科学和技术，既揭示了一个看不见的世界，使我们更加了解自然，同时又令我们脱离于自然，抽离于自己。今天，我们与世界的诸多联系，并非来自即时的、直接的体验，而是以各种人造设备为媒介，如电视机、手机、iPad平板电脑、网络聊天室和致幻性药物等。虽然没什么人知道或者关心量子世界的波粒二象性，但事实上，晶体管、电脑芯片以及所有依赖这些元器件的现代数字技术，都离不开量子力学的支持。同样地，我们之所以能用看得见的电话站、手机信号塔以及无线调制解调器等来发送或者接收讯息，都是通过麦克斯韦和赫兹发现的看不见的电磁辐射来实现的。

相较于技术的更新，随之而来的心理变化则更为微妙，也或许更为重要。有意或无意间，我们已经逐渐习惯了通过机器和工具来感受这个世界。不久前，我在机场排队登机时，我前面的那位年轻女士正对着手里的镜子精心打扮——捋了捋头发，涂了涂口红，拍了拍腮红——这是一种延续了几千年的女性仪式。然而，这位女士手中拿着的“镜子”，是开启了前置摄像模式的iPhone手机，她所看见的是自己的数字化图像。

我家住在马萨诸塞州，附近有一个国家级野生动物保护区，我常在那里散步。那儿有一条1英里长的小径，绕着湖泊蜿蜒向前，湖里有许多海狸、鱼、野鸭、鹅，还有水生蛙。池塘四周有芦苇和香蒲环绕，水面上漂浮着许多睡莲，这儿一片，那儿一片，鱼儿游过时，便荡漾起阵阵涟漪。冬日里，这儿的空气凛冽刺骨；到了夏天，则轻柔芬芳。整个保护区笼罩在沉沉的寂静之中，只偶尔有几声鹅叫，几阵蛙鸣。在这里，可以嗅闻，可以观赏，可以感受，可以任由思想漫游到它向往的地方去。越来越多地，我看见这条小径上的行人们，开始一边走路一边用手机聊天。他们的注意力，不在眼前的景色上，而在那个小盒子里传来的非具象的声音上。他们已经从自己的肉体中抽离出来了。那他们的思想和身体在哪儿呢？反正肯定不在此处。也不可能存在于流动在网络空间的电磁波和数字信号中。在手机连接着的另一端，办公室、会议室或者交谈对象的家中，只能听到他们的声音。他们试图同时出现在多个不同的地方，就像量子波那样。但我想说的是，他们哪儿也不在。

在自然保护区中散步时接打电话，代表着在一定程度上脱离于周围的环境，而发送文字信息则意味着更深度的脱离。文字信息正成为大部分人首选的通信方式。2008年9月，尼尔森公司（Nielsen）[①]就手机使用情况进行了一项调查，结果显示，从2006年年中至2008年年中，美国人打电话的频次几乎没什么变化，而发送文字信息的频次增长了450%。[8]文字信息量的巨大增长，主要是由青少年推动的，他们从出生起就成长在手机和互联网的环境之中。皮尤研究中心2011年的一项调查显示，美国青少年平均每天要收发110条文字信息。[9]当年轻人走进自然保护区，他们常常忙于用手中的iPhone手机不停拍照，然后又将图片上传到他们的社交媒体主页，却忘记稍息片刻，用自己的双眼仔细欣赏眼前的景色。这种新兴行为最可悲的一面是，越来

① 尼尔森，市场监测和数据分析公司。

越多的人，尤其是年轻人，把这种媒介化的体验当成“自然”，当成常态。

麻省理工学院的心理学家、社会科学家雪莉·特克尔（Sherry Turkle）在1995年出版的《虚拟化身》（*Life on the Screen*）一书中，描述了以互联网中的“多宇宙领域”和“聊天室”为形式的虚拟现实，开始取代人们之间真实的、面对面的联结。许多新一代的年轻人将现实生活称为“RL”（real life），相比之下，他们更喜欢网络上的虚拟人生。在她的新作《群体性孤独》（*Alone Together*）中，特克尔进一步记录下电子邮件和手机如何造成情感错位，又如何创造出肤浅却便捷的沟通方式，来应对这节奏急促的21世纪的世界。57岁的莱昂纳拉是一位化学教授，也是特克尔研究的对象之一，他说：“我通过电子邮件来和朋友们预约见面的时间，可我实在太忙，约见时间常常排在一两个月之后。在邮件里商定时间之后，我们不会再另外通电话。我不会打过去，他们也不会打过来。我对此是什么感觉呢？我只觉得自己‘已经把这个人打发走了’。”[10]奥德丽是一名16岁的高中生，她告诉特克尔：“创造一个‘线上’虚拟形象，以它的身份发送消息。这就像是……在创造自己的理想化身然后向世界展示。……你尽可以写下关于自己的一切，网络上的人也不会知道。你也可以成为你想成为的那个人。……也许它和现实中的你完全不同，现实生活中你无法成为它，但在网络上可以。”

以上这些例子，对如今的我们来说早已司空见惯。但是，我们仍应保持警惕。依靠技术，我们改变了“自我”的界限，使得自身与周遭事物的联结——即我们对世界的直接感官感知——极大地脱离了事物本身。我们已经成功地让自己适应不在场的感觉。我们延展了自己的身体，创造出一个增强版的自我，我将其称为“技术自我”（techno-selves）。较之从前的自我，技术自我既大又小。大在我们拥有空前强大的力量，能够与无形的世界沟通。小在我们牺牲了与有形的、可见的世界的一些接触和体验。我们已经将自身的直接感官经验边缘化了。

当然，上述的许多内容，不过是老调重弹。18世纪的浪漫主义，在某种程度上，就是在反抗工业革命及其带来的机械化的生活。同样，19世纪中期的哈德逊河画派，也试图通过他们的艺术，来重拾对日趋消逝的自然景色的敬畏和亲近。例如，托马斯·科尔（Thomas Cole）的画作《卡茨基尔的河流》（*River in the Catskills*），画面的前景是一个人的剪影，他正在欣赏宁静的自然景象——波光粼粼的河流、连绵起伏的青山和远处隐约的品红色山脉。他那安逸的姿态，隐喻了人与自然之间理想化的、舒适惬意的亲密关系。超验主义者梭罗写道："我们并没有乘坐铁路，是铁路在乘坐我们。"①

自梭罗以来，技术对我们生活的影响力呈指数级增长，同样与日俱增的，还有人们对事物的体验越来越非具象化的趋势。20世纪的数字技术确实帮助我们实现了技术自我，但它所带来的更为深刻的影响是，令我们在心理上逐渐适应对世界的非具象体验。当我们与他人、与周遭环境的大部分互动，都是以无形的工具为媒介时，有形的东西似乎就不值得我们注意了。既然我们足不出户就能够通过Skype软件来联系他人，为什么要开1个小时的车去拜访朋友呢？

---

① 出自梭罗《瓦尔登湖》（*Walden*）。

甚至为了更方便一些，还可以发短信呢。当我们能够拍摄高清的数码照片，并可以将其放大10倍时，又何须再盯着一张斑驳的蛇皮努力观察呢？其实，有形的事物确实可能令我们感到疑惑，因为它们向我们所呈现的现实，在我们看来可能不如无形的媒介中的那样完美。我们甚至可能被引导着去怀疑自己身体的感觉和认知，就像飞行员有时会被教导着忽略他们身体的感觉而去依赖仪器一样。

不久前，我和我25岁的女儿还有她的朋友们在外面吃饭，用餐期间，大多数姑娘都把她们的iPhone手机放在餐盘旁边，就像肺气肿患者离不开微型氧气罐一样。每隔一两分钟，就会有人低头瞄一眼自己的手机，查看收到的新消息，然后又得发送消息。其中一个姑娘向大家展示了她家小狗的数码照片。另一位则用她的iPod播放器播放音乐。有时，她们的交谈会涉及某个事实性的问题。这时她们便会暂停谈话，有人就会上网搜寻问题的答案。这种非具象的存在方式就是她们的现实。在她们看来，这种与世界的非具象联系就是事物的自然秩序。我坐在席间，找不到10年或者15年前的那种感觉，只觉得我不是在和我女儿还有她的朋友们一起吃饭。我感觉自己已经数字化了，我们都是通过网络传输的数据流。我们的话语和表情，不过是众多传输渠道之二。

我不会试图争论说，对不可见世界深入的科学认识——地球的旋转、X射线和无线电波、时间膨胀、亚原子粒子的波象性——直接导致了我们如今生活在非具象的世界之中。我想说的是，这些认识，以及由此产生的技术，使得人们有效地熟悉了那些不可见的事物。而这种熟悉，反过来又会弱化可见的、可直接体验的世界的活力。一个年幼的孩子已经知道，只要按一下遥控器上的按钮，电视上的画面就会改变；或者，在爸爸的电脑屏幕上，能看到远在千里之外的妈妈。

随着这种非具象化的生活趋势继续下去，很难想象100年后的世界是怎样的，就像生活在100年前的人无法想象今天的世界。我的猜测是，一个世纪后，人将会成为半人半机器。人们可能会装上电子耳朵，眼睛里可能会植入能让人看到X射线和伽马射线的特殊镜片。22世纪的手机，也许能够投射出激光全息图，这样，人们在和身在远方的人打电话时，就能看到他们的三维动态图像。到时候，电脑芯片可能会直接植入人脑（连接神经元），这样人们就可以即时访问互联网上的海量信息。这种与神经元相连接的芯片，能使人们在5秒钟之内学会一门新的语言，能使人们体会从未实际发生的事件的记忆，能让人即使独坐在椅子上，也能体验到性快感。在人们22世纪的家中，按下一个按钮，房间里便可以充满牡丹和薰衣草、夏日青草、新鲜出炉的面包等各种各样的人造气味。按下另一个按钮，便会出现全息图像，可以是山川树木，也可以是我经常散步的自然保护区。

大多数人将适应这种新的生活方式，正如今天的人们早已适应了手机和Skype软件。那将是自然且正常的生存于世的方式。但是，总会有一小部分人反抗它，建立起与世隔绝的公社，将新技术拒之门外——就像今时今日，仍有一些人坚持手写书信，宁愿进行长途跋涉也不使用手机。在这样一片飞地里，他们感觉自己守护住了一些有价值的东西，他们过着更直接、更可靠的生活，它们与自身、与周遭环境联结得更为紧密。这不无道理。不过与此同时，他们也将脱离于外面的广阔世界，以自己的方式隐身起来。

致　谢

感谢各位编辑在我写作时给予我鼓励。他们是:《哈泼斯》杂志的克里斯托弗·考克斯（Christopher Cox),《沙龙》（*Salon*）杂志的克里·劳尔曼（Kerry Lauerman),《罐头房子》（*Tin House*）杂志的切斯顿·纳普（Cheston Knapp）。此外，还有一众热心支持我的科学家们，感谢艾伦·古斯、史蒂文·温伯格、欧文·金格里奇以及加思·伊林沃思。还有与我长久合作的Pantheon出版社的丹·弗兰克（Dan Frank),他给我的许多作品提供了许多宝贵的建议，也一直鼓励和支持着我。还有我长期以来的文学助理简·格尔夫曼（Jane Gelfman),我永远对你心怀感激。最后，感谢我的结发妻子琼（Jean),她总是勇于献身，当我所有作品的第一位读者。

注　释

偶然的宇宙

1. 2011年5月9日，古斯在与作者交谈时如此表述。
2. 2011年7月28日，温伯格在与作者交谈时如此表述。
3. 出自2011年6月21日的《基督邮报》(*Christian Post*)，内容为弗朗西斯·柯林斯于2011年6月16日在佩珀代因大学举行的第31届基督教学者年会上的讲话。
4. 出自罗伯特·科什纳于美国国家科学基金研讨会（National Science Foundation, NSF）上的讲话，讲话主题为“21世纪的地基天文学”（Ground Based Astronomy in the 21st Century）。

短暂的宇宙

1. 查看加州帕西菲卡附近海岸的照片，可访问：http://miraimages.photoshelter.com/image/I0000dJXI5vwD7QQ.
2. 有关宇宙长时间尺度的天体物理学计算，参见Freeman Dyson,

"Time Without End," *Reviews of Modern Physics* 51, no. 3（July 1979）: 447–60.

3. 出自Digha Nikaya, Mahaparinibbana Sutta, 译者为Sister Vajira与Francis Story（Kandy, Sri Lanka: Buddhist Publications Society, 1998）, p.16.
4. 出自叔本华《论自由意志》（*On the Freedom of the Will*, 1839）："Der Mensch kann tun was er will; er kann aber nicht wollen was er will."

精神的宇宙

1. 2011年7月10日，阿兰·布罗迪在与作者交谈时如此表述。
2. *God's Activity in the World: The Contemporary Problem*, 欧文·托马斯编（Chico, CA: Scholars Press, 1983）.
3. 查尔斯·贺智，*Systematic Theology*, 3 vols.（1871–73; Peabody, MA: Hendrickson Publishers, 1999）.
4. 伊莱恩·霍华德·埃克隆，*Science vs. Religion: What Scientists Really Think*（Oxford: Oxford University Press, 2010）.
5. 出自《新闻周刊》（*Newsweek*），2010年12月20日。
6. 2011年7月7日，伊恩·哈钦森在与作者交谈时如此表述。
7. 2011年7月7日，欧文·金格里奇在与作者交谈时如此表述。
8. 出自理查德·道金斯于1992年4月15日在爱丁堡国际科技节上的讲话，讲话内容刊登在《独立报》（*The Independent*，1992年4月20日）。
9. 出自《卫报》，2001年10月11日。
10. 参见迈克尔·波兰尼《个人知识》（*Personal Knowledge*, Chicago: University of Chicago Press, 1958）。

对称的宇宙

1. 出自Paul Rincon, “Higgs Boson-Like Particle Discovery Claimed at LHC”, BBC新闻，2012年7月4日，可访问：http://www.bbc.co.uk/news/world18702455.
2. 出自Rodriguez 等人的研究, “Symmetry Is in the Eye of the Beeholder: Innate Preference for Bilateral Symmetry in Flower-Naive Bumblebees”, 研究成果见《自然科学》[*Naturwissenschaften*, 91（2004）: 374–77] .

浩瀚的宇宙

1. 此处以及本文中所有引用的加思·伊林沃思的话，均出自作者与其在2012年2月11日的交谈。
2. 参见James D. Muhly, “Ancient Cartography: Man’s Earliest Attempts to Represent His World”, 可访问：http://www.penn.museum/documents/publications/expedition/PDFs/20-2/Ancient%20Cartography.pdf.
   或“History of Cartography”, 可访问：http://en.wikipedia.org/wiki/History_of_cartography.
3. 出自拉尔夫·沃尔多·爱默生《论自然》，参见vol. 5 of the Harvard Classics edition（Cambridge, MA, 1909–14）, p. 228.
4. 地球的总质量约为6×10^{27}克，地球上生物的总质量约为6×10^{17}克。参见威廉·B. 惠特曼等人于1998年发表在《美国科学院院报》（*Proceedings of the National Academy of Sciences*）的文章《原核细胞：看不见的大多数》(“Prokaryotes: The Unseen Majority”)：为了得到可观测宇宙中生物质量的比例，我假设我们的恒星是一颗中等大小的恒星，质量为2×10^{33}克。而且我假设，在所有恒星中，有3%携带着一颗可供生命生存的行星。

规则的宇宙

1. 参见O. R. Gurney与S. N. Kramer合著书籍《亚述学研究》(*Assyriological Studies*)“Two Fragments of Sumerian Laws”, no. 16 (April 21, 1965): 13–19.
   或“Code of Ur-Nammu”， 可 访 问: http://en.wikipedia.org/wiki/Code_of_Ur-Nammu.
2. 出自《纽约时报》,“Physicists Find Elusive Particle Seen as Key to Universe”，2012年7月4日，作者为Dennis Overbye。
3. 2011年7月7日，欧文·金格里奇在与作者交谈时如此表述。
4. 阿基米德《论浮体》，参见：
   www.archive.org/stream/worksofarchimede00arch#page/256/mode/2up.
5. 参 见*Education and Training in Optics and Photonics* (Mourad Zghal 等著), “The First Steps for Learning Optics: Ibn Sahl's, Al-Haytham's and Young's Works on Refraction as Typical Examples” 一文, 美国光学学会技术文摘系列 (Optical Society of America, 2007)。可访问:
   http://en.wikipedia.org/wiki/Ibn_Sahl
   或
   http://spie.org/etop/2007/etop07fundamentalsII.pdf.
6. 泡利信件原文参见：
   http://www.library.ethz.ch/exhibit/pauli/neutrino_e.html
   英译版可访问：
   http://www.pp.rhul.ac.uk/~ptd/TEACHING/PH2510/pauli-letter.html.
7. 洛林·达斯顿/凯瑟琳·帕克《奇迹与自然秩序》, 1150–1750 (Cambridge, MA: Zone Books, 1998).
8. 出自大卫·休谟《人类理解研究》(*An Enquiry Concerning Human Understanding*, 1748)， 文中所引版本为the Harvard

Classics edition, vol. 37（Cambridge, MA: Harvard University Press, 1909–14）, p. 404.

9. 出自《福柯直播（1961—1984年访谈录）》[*Foucault Live: Interviews (1961–84)*] John Johnston译，Sylvere Lotinger编，New York: Semiotext[e], 1989, pp. 198–99.

10. 出自华莱士·史蒂文斯，*The Necessary Angel: Essays on Reality and the Imagination*中的"The Figure of the Youth as Virile Poet"（London: Faber & Faber, 1960）, p. 58.

11. 参考皮尤研究中心"宗教和公共生活论坛"，2009年12月。可访问：http://www.pewforum.org/Other-Beliefs-and-Practices/Many-Americans-Mix-Multiple-Faiths.aspx#5.

12. 翻译、引用自Henry M. Leicester所著*Dictionary of Scientific Biography*，vol. 2（New York: Scribner's, 1981）, p. 96a.

非具象的宇宙

1. 在傅科发明傅科摆之前，关于地球自转只有间接的、非切实的证据。1736年至1737年，皮埃尔·路易·莫佩尔蒂（Pierre-Louis Maupertuis）测量了地球两极的形状，得出结论：地球并不是完美的球状，而是略微扁平的。18世纪40年代，夏尔·马里·德·拉孔达明（Charles Marie de La Condamine）和皮埃尔·布格（Pierre Bouguer）在地球赤道附近地区进行了测量，结果显示，相较于完美的球形，赤道附近的地球略微隆起。而这种形状变化，只有在旋转着的非刚性球体上才会出现。

2. 傅科日记的内容可查阅William Tobin, *The Life and Science of Léon Foucault*（Cambridge: Cambridge University Press, 2003）, p. 139.

3. 参见*The Life and Science of Léon Foucault*, pp. 15, 18以及其中的参考文献。

4. 参见《国民报》，1851年2月19日，记者Terrien的报道，或参见*The Life and Science of Léon Foucault*, p. 141.
5. 参见《国民报》，1851年2月19日，记者Terrien的报道。
6. 出自David G. Luenberger, *Information Science*（Princeton, NJ: Princeton University Press, 2006）, p. 355. 或参见海因里希·赫兹*Electric Waves*，译者为D. E. Jones（1900; New York: Dover, 1962）.
7. 出自《自然》增刊（*Nature Supplement*），1928年4月14日。
8. 参见Marguerite Reardon研究报告“Americans Text More Than They Talk”，可访问：http://news.cnet.com/8301-1035_3-10048257-94.html.
9. 参考皮尤研究中心“互联网与美国民众生活”项目（Internet and American Life Project），2011年4月26日至5月22日，春季跟踪调查（Spring Tracking Survey）。
10. 出自雪莉·特克尔《群体性孤独》,（New York: Basic Books, 2011）, p. 189.

出　　品：贝　页
总 策 划：李　菁
版权合作：黄莹儿
责任编辑：戴　铮
特约策划：刘盟赟　杨俊君
特约编辑：杨云鹤
特约营销：李芮昕
装帧设计：汤惟惟
投稿请至：goldenbooks@gaodun.com
采购热线：021-3114 6266
136 3642 5302